Olive & Berry Fun Book

オリーブandベリー ファンブック

はじめに

ガーデンをスタイリッシュに彩りながら
ヘルシーでおいしい実をたくさんつけてくれる
オリーブとベリーを育ててみませんか？
美しい葉色とフォルムがいつでも楽しめるオリーブは
シンボルツリーとして活躍するのはもちろん、
秋になればカラダにも美容にもうれしい
オイルたっぷりの実がなります。
ブルーベリー、ラズベリー、ブラックベリーなど、

小さく可愛い実が
フォトジェニックなベリーたちは
ナチュラルガーデンに欠かせない植物です。
オリーブもベリーも簡単なポイントをおさえれば
誰にでも育てられるのでガーデニング初心者におすすめ。
庭がなくてもプランターや植木鉢があれば大丈夫。
自分で育てて実ったものはキッチンまで直行だから、
話題のフードマイレージだって一切かかりません。
エコでおしゃれでヘルシーな果樹ガーデン、
アナタもさっそく始めましょう！

Olive & Berry Fun Book

CONTENTS

オリーブ

ベリー

オリーブ

Olive & Berry Fun Book

オリーブのこと

育て方

品種図鑑

収穫後の楽しみ

小豆島オリーブ紀行

オリーブと出会う

オリーブのこと

オリーブはモクセイ科オリーブ属の常緑樹。その起源は小アジアとされ、シリアからトルコを経てギリシャに伝わったといわれています。15世紀末にコロンブスがアメリカ大陸を発見すると、オリーブも地中海エリアを越えて世界に広まりました。日本で本格的にオリーブ栽培が始まったのは１９０８年。香川県の小豆島では、当時から途絶えることなくオリーブを育てています。今やオリーブは〝おしゃれ果樹〟として大人気！ その魅力は実に多彩です。

ガーデナーに人気の
スタイリッシュな果樹

1994年、東京・恵比寿ガーデンプレイスに大きなオリーブが植えられたことをきっかけに、ガーデンデザイナーたちの間でオリーブのスタイリッシュな美しさが再認識されました。おしゃれなムードは地中海育ちゆえ!?

オリーブのこと

ヨーロッパでは平和のシンボルです

オリーブは平和と希望の象徴とされています。旧約聖書の「ノアの方舟物語」に、方舟から放った一羽の鳩がオリーブの枝をくわえて戻ってきたことで、洪水が治まったことを知る場面に由来するとか。

銀白色にキラキラ輝く美しいコントラストの葉

オリーブの葉は表と裏で色が違います。表はつややかなダークグリーン。裏は白くて短い毛が生えているので明るく見えます。風にそよぐと銀色にキラキラ輝くため“シルバーリーフ”とも呼ばれます。葉にはポリフェノールや鉄分も豊富！

その名に秘めた愛あるアナグラム

オリーブはアルファベットでＯＬＩＶＥと表しますが、文字の配列を入れ変えるとＩＬＯＶＥ（アイラブ）に！このハッピーな文字遊びにあやかって、ウエディングブーケにオリーブの枝をリクエストする花嫁も増えているそうです。

あざやかに変化するチャーミングな実

小豆島のオリーブ農家・柴田宣久さんは、〝オリーブの実は〝七色に変化する〟と教えてくれました。白い花から始まり、緑、黄緑、ピンク、赤、紅褐色、紫、そして黒。小豆島では黄緑～ピンクの実で〝新漬け〟という塩味の漬け物を作ります。

オリーブは おいしくてヘルシー

はるか昔からオリーブと親しんでいる地中海沿岸地方では、その実から採ったオイルを毎日の料理に使っています。そのためでしょうか、この地方では心疾患の発生率がきわめて低いのだとか。オリーブには、おいしく食べてカラダにうれしいメリットがいっぱい！

オイルに

オリーブは果肉からオイルが採れる珍しい植物です。一般的な植物油はタネから採るため、多くは化学処理をして絞っていますが、オリーブはその必要なくオイルが採れるのでヘルシーそのもの。カラダに良いオレイン酸もたっぷり含んでいます。

新漬けに

“新漬け”は小豆島で愛されているオリーブの実の漬け物です。早摘みした黄緑～ピンク色の実を苛性ソーダで渋抜きした後、３％の塩水に漬け込みます。家庭ごとにその味わいも違う、小豆島の“ソウルフード”です。

※作り方は42ページに

塩漬けに

真っ黒に完熟したオリーブをきれいに洗って、ひとつかみの塩をまぶしたら、密閉容器に入れて3週間待ちましょう。たったそれだけで、地中海のお母さんも顔負けのおいしい塩漬けが完成します。芳醇な味わいは病みつきになること必至！

オリーブのこと

ぬくもりあふれる オリーブクラフト

ギリシャ神話に「英知の女神アテネは〝暮らしに役立つ木〟としてオリーブを作り出した」とあるように、ヨーロッパではオリーブの木が家具や日用品などに加工されています。〝幸福を呼ぶ木〟としても愛されているオリーブを使ったクラフトはギフトにも最適です。

チーズ おろし金

冷蔵庫の奥で固くなってしまったチーズは、オリーブオイルに漬け込むとおいしく生まれ変わります。料理で相性ぴったりのオリーブとチーズはキッチングッズでもドッキング！ パルミジャーノチーズをすりおろすためだけのおろし金です。

カッティング ボード

オリーブの堅く丈夫な木質はカッティングボード(まな板)に最適。温かみある木目を楽しみながら、心豊かにお料理しましょう。使い込むほどに風合いが増すのもオリーブクラフトの良いところ。使わない時は壁にかけておくだけでも絵になります。

バター ナイフ

天然オリーブの木から作られたバターナイフ。優美な曲線は目を楽しませ、手に持った時のフィット感に心まで癒されます。オリーブオイルの油引きで仕上げてあるので、しっとり心地良くグリップできます。

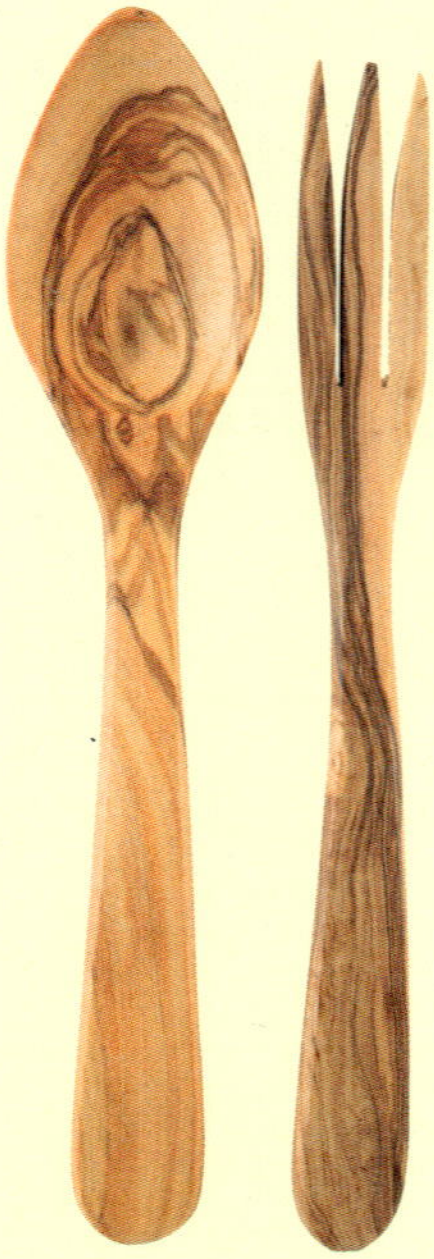

サーバーセット

サラダやオードブルを取り分けるサーバーセット。オリーブのナチュラルな風合いは、ガーデンパーティなどで活躍しそう。オリーブの木は目がしっかり詰まっているので長持ちしますが、時々オリーブオイルを塗ってお手入れを。

はんこ

小豆島産オリーブを印材で使うことにこだわった、玉木水象堂のオリーブはんこ。自然の恵みそのまま、世界にたった一つしかない木目を生かした、優しい風合いの印鑑です。印面も手彫りでていねいに仕上げています。

※お店の紹介は20ページに

オリーブのこと

フラワーアレンジでも大注目のオリーブ

表と裏でコントラストの違う葉色、しなやかな枝、そしてコロンと丸く愛らしい実。オリーブはフォトジェニックな素材としてフラワーアレンジメントでも大人気！ 花言葉は〝平和〟〝希望〟〝知恵〟など。常緑樹なので爽やかなグリーンがいつでも楽しめます。

アレンジしたのは
このショップ

blue water flowers

東京都杉並区西荻北4-4-14
TEL 03-3394-1438
㊮ 11:00～20:00
㊡ 火
http://bwf.jp

実つき
オリーブの
幸せリース

鈴なりの実が愛らしいウェルカムリース。グリーン＆シルバーの葉をきらめかせながら、爽やかなムードでゲストを出迎えます。鳥の巣のように絡めたラフィアもオリーブ色でコーディネート。

花材：オリーブ、スミレオイレス、マダガスカルラフィア

オリーブのこと

たくさん実った喜びを
こんもりアレンジで

今にもこぼれ落ちそうな実ぶりがチャーミング。オリーブの葉色を活かすため、あわせる花のカラーリングは落ち着いた雰囲気でまとめています。赤や緑に色づいたオリーブの実は眺めていて飽きません。

花材：オリーブ、バラ、ヒューケラ、タギリソウ

サラダディッシュ風にオリーブで遊ぶ

オリーブの実をフルーツみたいにたっぷり盛りつけたディッシュ風アレンジ。ゼラニウムやアイビーもあわせてグリーンサラダさながらに楽しみましょう。

花材：オリーブ、バラ、シュガーバイン、ハーブゼラニウム、アイビー

自然の恵みを小さなリースに

オリーブの実とドングリをネックレスのように数珠つなぎにした、ナチュラルな魅力あふれるミニリース。ところどころにオリーブの葉もはさんで、アクセントをつけています。ワンちゃんの首輪にしても可愛いかも！

花材：オリーブ、ドングリ

オリーブのこと

長い枝を活かした
ナチュラルブーケ

実のつかない枝先を活かした自然派ブーケ。のびやかなオリーブの枝ぶりに、ビバーナムやゼラニウムを添えて、野花の雰囲気を漂わせています。チラリと見え隠れするオリーブの実がキュート!

花材：オリーブ、ハーブゼラニウム、トルコギキョウ、ビバーナム、アカシア

オリーブはんこが作れる店

アーケードの長さ日本一を誇る“高松中央商店街”の最南端エリアで、オリーブの木ではんこを作っているショップを発見！ 親子で手彫り印鑑を作っている「玉木水象堂(たまきすいしょうどう)」さんは、創業50年の歴史ある専門店。オリーブはんこを考案したのは２代目の玉木基(たまきもとい)さんです。香川で生まれ育ち、印鑑制作に従事するうちに、香川ならではの印鑑を世に送り出したいとの気持ちが大きくなっていったそうです。「オリーブの木が持つ優美な木目、知恵と希望に満ちたストーリーは、生涯をともにする印鑑にぴったりの素材です」と語ってくれました。

玉木水象堂

香川県高松市田町4-26
TEL 087-831-8710
㊋ 9:00～19:00
㊡ 日祝ほか
http://www.suishoudo.com

オリーブ

育て方

眺めて美しく、食べておいしいオリーブには、育てる喜びがいっぱい！ 地中海地方のやせた土地で培われたタフさがあるから、果樹栽培に初めてトライする人にもおすすめのツリーです。春には可憐な白い花で、秋には魅力あふれる実で楽しませてくれるオリーブを、ぜひ、あなたのファミリーに加えましょう。

オリーブ

古代ギリシャ時代から愛されてきた魅惑の果樹。地中海沿岸からアフリカ北岸の一帯には、今も野生種が自生しています。南ヨーロッパには樹齢1000年以上のものが残っているとか。果肉からオイルを採ることができる珍しい植物です。

Olive

科名：モクセイ科
属名：オリーブ属
学名：Olea europaea Linn.
別名：オイレフ

品種の選び方

オリーブの栽培品種は世界に1000種以上あるとされていますが、日本の園芸店で入手しやすいのは「ミッション」「マンザニロ」「ネバディロ・ブランコ」「ルッカ」の4品種。「ミッション」や「マンザニロ」の実は塩漬けなどの加工向き。垣根にするなら枝葉の多い「ネバディロ・ブランコ」がおすすめ。「ルッカ」は油分たっぷりの実をたくさんつけるので、自家製オイルを楽しみたい人に。いずれも、葉が黄色く枯れ込んでいない、しっかりした大きめの苗を選んで。

植えつけ方

植えつけの適期は3月頃。地植えの場合は、日当り、水はけ、風通しの良いところを選びましょう。少し深め（50cmくらい）に掘って、苦土石灰や有機性肥料をしっかり混ぜ込んでから植えつけます。オリーブは酸性の土が苦手なので、植えつけ後も数年に一度は苦土石灰で土を中和させます。コンテナ植えの場合は、厳寒期を避ければいつでも植えつけOK。苗木より大きめのテラコッタ（素焼き鉢）と市販の肥料入り培養土を準備しましょう。

良い実のつけ方

オリーブは自家受粉しにくいので、実をつけさせたい場合は必ず2品種以上を一緒に育てましょう。花の咲いている期間が長くて、花粉量も多い「ネバディロ・ブランコ」を“受粉樹”にすると、実のつく確率がグンとアップします。一つしか育てられない場合は、自家受粉しやすい「ルッカ」などを選んで。また、たくさん実がつき過ぎると翌年の実つきが悪くなりやすいため、成育の悪い実は早めに摘み取りましょう。肥料切れにも要注意です。

オリーブの年間作業カレンダー

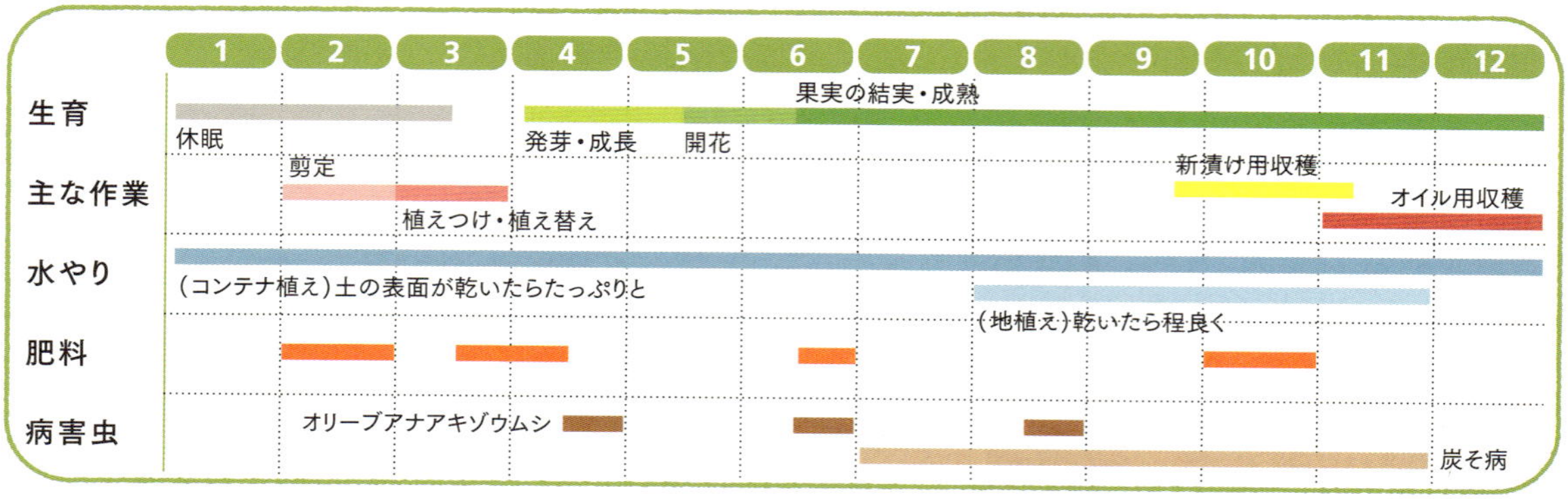

※このカレンダーは関東地区以西のものです

オリーブ

表と裏でコントラストのある美しい葉を一年中楽しめる常緑樹。5月下旬～6月上旬にたっぷり咲く乳白色の花は、ポップコーンみたい！やせた土地でも元気に育つオリーブは、樹齢1000年を超えても実をつけるほど丈夫です。若い実は新漬けに、熟した実は塩漬けやオイルにして味わいましょう。剪定枝はフラワーアレンジに。

挿し木の作り方

生命力の強いオリーブは、挿し木で簡単に増やすことができます。剪定で若くて立派な枝を切り出した時は、捨てずにそのまま土に深く挿してみましょう。水と肥料をしっかり与えれば、数年後には実がつくほどに生長します。今回は、新芽を使った〝緑枝挿し〟という方法をお教えしましょう。根が出てくるまでの管理に手間がかかりますが、ぜひトライしてみてください。

1 元気な新芽をカット

元気が良く、枝にしっかり弾力のある新芽を、清潔な園芸バサミで15cmほどカット。葉は枝先に3～4枚だけ残し、あとは全て取り除きます。すぐに土に挿せない時は、枝の切り口が乾かないように水につけておきましょう。

2 発根促進剤をつけて

清潔な培養土を入れた苗ポットを用意し、挿し木の切り口に発根促進剤をつけてから植え込みます。ビニールハウスなどで湿度を管理しながら育てましょう。それぞれの苗に品種名を明記しておくことを忘れずに！

3 芽吹いたら大成功！

枝の先から新芽が出てきたら、順調に根が発達している証拠です。発根しやすい夏であれば約1カ月ほどで根づきます。ビニールハウスから出したら、まめに水やりしながら日当りの良い場所で育てましょう。

挿し木栽培の管理ポイント

根が出てくるまでは湿度を80％以上にキープした温室で管理しましょう。温室がない場合は、身の回りにあるガーデニンググッズで手づくりした“簡易ビニールハウス”でも大丈夫。こまめに水やりしながら明るい場所で育てましょう。

タネから育てる

育てたオリーブに実がなったら、そこからタネを取り出して土に蒔いてみましょう。オリーブは違う品種どうしでないと受粉しにくいので、そのタネには異なった品種の遺伝子が必然的にミックスされます。生長がのんびりしていたり、実ができるまで15年以上かかったりと、ミックスならでは特徴が現れますが、そのオリジナリティは格別！ 世界で一つのオリーブを作りましょう。

1

タネ蒔き用の土を用意

鉢底石をセットした苗ポットに、よく耕した清潔な土を入れて準備します。何年も使い回した土には雑菌が多いので、タネを育てるのに適していません。発芽率をアップさせるためにも市販のタネ蒔き用土などを新たに用意。

2

タネの植えつけ

植えつける深さはタネの大きさの3倍くらい。すぐに水をたっぷりかけて、風通しの良い明るい場所で管理しましょう。土の表面が乾いたら水やりの目安です。水切れを起こすと発芽しなくなるので気をつけて。3月頃がタネ蒔きの適期です。

3

念願の発芽！

こまめに水やりして乾燥から守ってあげると、数カ月後に可愛い芽が顔を出します。その後の生長はとてもスローで、本葉に変わるまでに5年以上かかります。挿し木で育てたオリーブよりも葉が小さいのも特徴です。

タネから栽培の管理ポイント

オリーブのタネにはとても硬い殻があります。そのまま蒔いても発芽しにくいので、タネの端を清潔なナイフで数㎜削っておきましょう。その際には、絶対に中の核を傷つけないように気をつけて！ 削る前に水につけておくと作業がラクです。

剪定のポイント

とてもスピーディに生長するオリーブは、そのままにしておくと枝葉がどんどん増えてしまいます。込みあった枝はカットして、樹のすみずみまで日光や風が届くようにしましょう。剪定のタイミングは、根が休眠している2月頃がベストです。コンテナ植えの場合は、気になる枝を見つけたらいつでもカットしてOK。ただし、春から伸びた新しい枝には翌年に実がつくので切らないように！

ひこばえ

株元から弱々しく伸びている枝（ひこばえ）は、親株の栄養を奪ってしまうので、つけ根からカットしましょう。

交差枝

他の枝と交差して伸びている枝は、バランスを見てどちらかをカット。内向きに伸びている枝も切りましょう。

枯れ枝

枝先が枯れ込んでいるものは見栄えが悪く、病気も招くので、枯れたところだけを切り詰めておきましょう。

下向き枝

下向きに伸びていたり、垂れ下がるように伸びている枝は、オリーブの樹木そのものに負担がかかるのでカット。

病害虫について

きわめてタフなオリーブですが、大切に育てていくうえで知っておきたい病害虫があります。これらの予防法は日頃こまめにチェックすること！ 幹に小さな穴があいていませんか？ 株元に〝おがくず〟のような粉が落ちていませんか？ 実に奇妙なシミが出ていませんか？ 早めに異常を見つけて対処すれば、オリーブへの負担も軽くて済みます。代表的な病害虫を覚えておきましょう。

炭そ病

大きな実をつける品種によく見られ、オリーブにもっとも多い病気です。実に茶色いシミができ、しだいに大きくなります。見つけたらすぐ摘み取りましょう。

オリーブアナアキゾウムシ

体長15㎜ほどの黒褐色の虫で、オリーブをはじめモクセイ科の樹木が大好物。幹を食害する時におがくず状の粉を出します。株元をすっきりさせておくと早期発見しやすいでしょう。

スズメガの幼虫

体長7cm以上になる大きなイモムシで、葉をもりもり食害します。緑色なので見つけにくいですが、黒くて丸いフンが落ちていたら、その近くにいるはず！

テッポウムシ

カミキリムシの幼虫で、体長は5〜6cmほど。地面に近い幹に鉄砲であけたような丸い穴があり、おがくず状の粉が落ちていたら要注意。穴に針金を入れて幼虫を駆除しましょう。

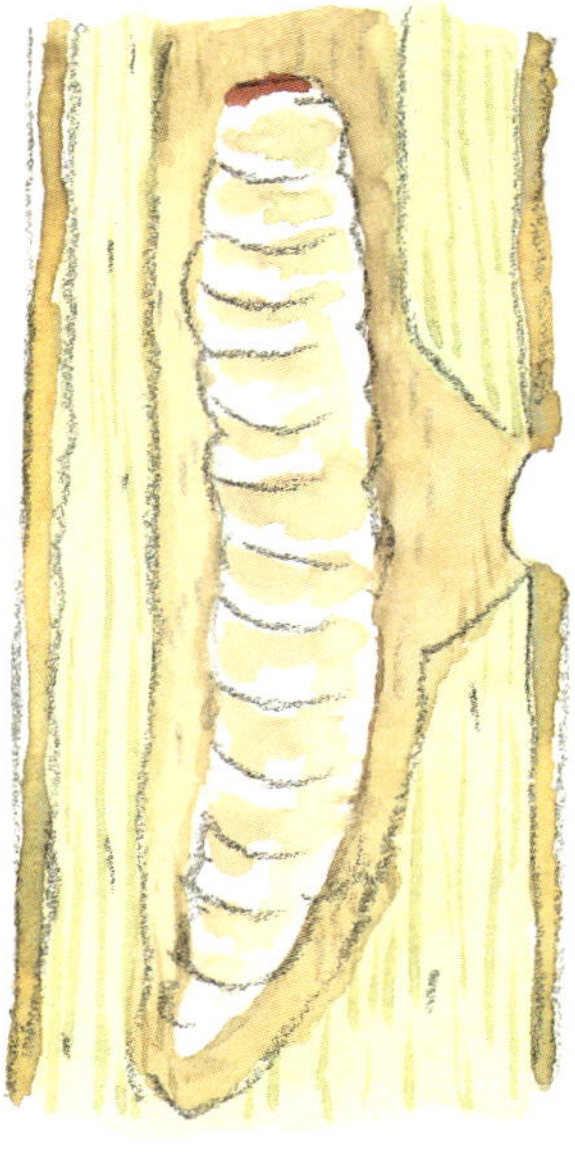

実をならせるには

オリーブを育てる最大の醍醐味は、何といっても収穫の喜びを味わえること。樹齢1000年以上でも実がつくほど〝長寿〟で〝タフ〟なオリーブですが、栽培ビギナーが実をならせるには、いくつかのポイントをおさえておく必要があります。「うちのオリーブにはどうして実がつかないの?」と悩む前に、育てる環境やオリーブの性質を理解しましょう。いつか訪れる収穫の日を目指して…。

2品種以上を一緒に育てる

オリーブは自家受粉しにくい品種が多いので、必ず2品種以上を一緒に育てて。ビギナーには、花粉が多い「ネバディロ・ブランコ」ともう一つ、というペアがおすすめ。

日当りと風通しの良い環境で

オリーブは太陽と風が大好き! 風通しの良い日なたで育てるのはもちろん、定期的な剪定で樹木のすみずみまで光と風をわたらせて、オリーブの健康を保つようにしましょう。

コンテナ栽培は水切れに注意

地中海沿岸育ちゆえ"乾燥に強い"と思われがちなオリーブですが、コンテナで育てる時は、花が咲く5～6月などに水切れを起こすと、秋の実つきが悪くなります。地植えの場合はさほど心配いりません。

肥料はたっぷりと

豊かな収穫を目指すなら、いくら丈夫なオリーブとはいえ、植えっぱなしではダメ！ 年4回（2月、3～4月、6月、10月）は有機肥料などをあげて、手厚く栄養補給を。

新しい枝を切らないように

オリーブは、前年の春に伸びた新しい枝に、翌年花を咲かせて実をつけます。この新しい枝を刈り込んでしまうと、実をつけるはずの枝がなくなってしまうので注意しましょう。

開花期には雨降りに注意

オリーブの花が咲く5～6月。地域によっては梅雨とバッティングする可能性があります。長雨に当たると花が落ちたり、花粉が飛ばなかったりするので、コンテナ植えは軒下に移動しましょう。

実がつく樹齢までじっくり待ちましょう

オリーブは樹木そのものが十分に生長しないと実がなりません。目安として、挿し木から育てたものなら5年以上、タネから育てたものなら15年以上かかるとされています。

寒冷地での管理ポイント

温暖な気候を好むオリーブですが、意外と耐寒性も強いので全国どこでも栽培できます。ただし、北海道・東北地方など冬場にマイナス10度以下になる地域では、地植えでは冬越しできません。寒さが厳しくなった時に管理場所を変えられる“コンテナ植え”で育てましょう。霜が降り始める前にコンテナを室内へ取り込み、凍結の心配がない、日射しのある窓際などで管理します。その際、エアコンの温風が直接当たるような場所は避けましょう。冬の間の水やりは控えめにして、過湿にならないよう注意します。春になって気温が上がってきたら、また外に出しましょう。

オリーブ品種図鑑

オリーブの栽培品種は少なく見積もっても1000種以上あるとか。小さな実をつけるもの、大きな実をつけるもの、まん丸い実をつけるもの、細長い実をつけるもの、枝がスッとまっすぐ伸びるもの、自由奔放に枝葉を伸ばすもの……。オリーブオイル鑑定士によればオイルのテイストも品種ごとに全く違うといいます。そんな世界の多種多様なオリーブから、代表品種をピックアップしてご紹介しましょう。

ネバディロ・ブランコ

Nevadillo Blanco

スペインでポピュラーなオイル用品種で、果実の油含有量は17％ほど。耐寒性のある丈夫な性質のうえ、花粉も多く、開花時期も長いので受粉樹向き。生長が早く、枝葉がたっぷり茂るので街路樹や観賞用に広く使われています。

マンザニロ

Manzanillo

“マンザニロ”とはスペイン語で“小さなリンゴ”。その名のとおり、リンゴのように丸々した実をつけます。大粒でやわらかい実は、新漬けやピクルスにするのに最適。実つきも良いので世界中で栽培されている品種です。

ミッション

Mission

先がツンと尖ったハート形の実、葉裏の白が強いという特徴があります。枝が上にまっすぐ伸びる直立型だから、ベランダなどの小さなスペースで育てるのに◎。オイル含有量は15〜20％あり、香りも良いのでオイル用として人気。

ルッカ

Lucca

小豆島で多く栽培されているオリーブ。寒さや病気に強く、その実はやや小粒ながらオイル含有量が25％もあります。柳のように垂れ下がった枝にたくさん実をつけ、葉は大きくなるとねじれが生じます。オイル専用品種です。

アザパ

Azapa

南アメリカ原産のオリーブで、冬でも温暖な地域での栽培に適しています。重さ6〜12gほどの特大サイズの実は新漬けやピクルス向き。小豆島のオリーブオイルメーカー「東洋オリーブ」では、大粒で食べ応え十分な“アザパの新漬け”を限定販売しています。

コレッジョラ

Correggiola

イタリアンオリーブの主要品種。とても生長が早く、たくさん収穫できます。もともとは寒いトスカーナ地方が主産地でしたが、今では世界中の暖かい地域でも栽培されています。中粒の果実からは香り高い良質なオイルがたっぷり採れます。

カラマタ

Kalamata

ギリシャやオーストラリアで栽培されている品種。大きな実がなりますが、ゆっくり成熟するという特徴があります。収穫は黒く完熟するまで待ち、その実は“高級ブラックオリーブ”として塩漬けに加工。果実からは良質なオイルも採れます。

コロネイキ

Koroneiki

ギリシャにおけるオリーブ栽培面積の約5割を占めるという、同国の代表的なオイル用品種。果実も葉も小ぶりで愛らしいルックスながら、オイル含有量は20～23%もあり、良質なオイルがたくさん採れます。とても乾燥に強い品種です。

ジャンボ・カラマタ

Jumbo Kalamata

小豆島で試験栽培中の新品種。2.5～3.5cmの大きな実をつけるので観賞用としても楽しめます。厚い果肉はちょっと大味で繊維質が残りますが、塩漬けにするとジューシーに。盃のような形で枝葉を広げる、美しい樹形も見どころです。

サウス・オーストラリアン・ベルダル

South Australian Verdale

しだれた枝に大きめで楕円形の実をつける姿が優美。グリーンオリーブ・ピクルス（青い実の塩漬け）に最適な品種としてポピュラーです。たくさん実る年とあまり実らない年が1年おきに起こる“隔年結果”になりやすいともいわれています。

セビラノ

Sevillano

枝をのびのびと横に大きく広げる開張型の樹形が特徴です。12～14gもある特大サイズの実は楕円形で、オイル含有量は14％とやや少なめ。大きな実の割にタネが小さいので塩漬けに最適。主産地スペインでは“ゴルダル”と呼ばれています。

バロウニ

Barouni

とても丈夫で寒さに強く、実つきも良い品種。オイル含有量は16％ほどあります。とても大きな実は新漬けやピクルスにすると、果肉はやや堅めで繊維質が残ります。収穫しやすい、盃型の美しい樹形も特徴のひとつ。主産地は北アフリカのチュニジア。

ハーディーズ・マンモス

Hardy's Mammoth

とにかく丈夫で生長も早い、オーストラリアの人気品種。大きな実はオリーブ特有の渋みが少なく、香りがとってもフルーティー！ 塩漬けやピクルスはもちろん、シロップ漬けにも使われます。オイル含有量も多いのでオイル用としても定評あり。

フラントイオ

Frantoio

イタリアを代表する優良品種。丈夫で病気に強く、地域への適応性も高いので、南北アメリカや南アフリカ、オーストラリアなど、世界各地で広く栽培されています。オイル含有量は26〜30％ときわめて高く、豊かな風味と若々しい香りが楽しめます。

ワッガ・ベルダル

Wagga Verdale

やや樹高が低いので、栽培や収穫がしやすい品種。オイル含有量は多い方ではありませんが、きわめて良質なオイルが採れます。中粒の実はリンゴのように丸く、塩漬けにしてもおいしく食べられます。主産地はオーストラリア。

レッチーノ

Leccino

イタリア全土で栽培されているオイル用品種。果実は丸みをおびた卵形で、スパイシーな風味が特徴の良質なオイルを豊富に含んでいます。引き締まった果肉はブラックオリーブ（塩漬け）にしても絶品で、ほのかな苦みがツウ好みとされています。

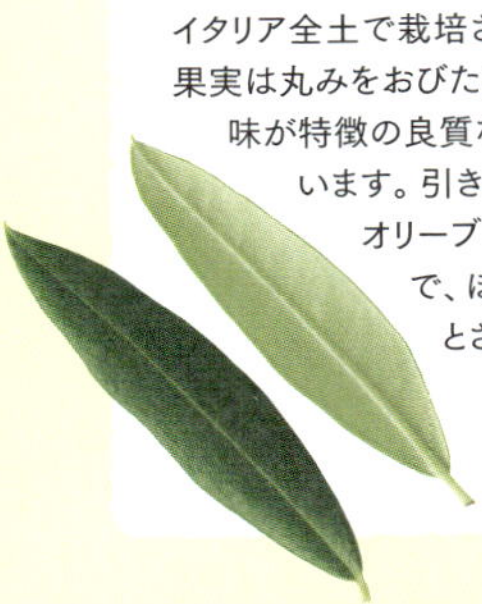

ライフスタイル別 おすすめ品種

オリーブは品種によって枝の伸び方や実のつく量などが千差万別です。ノープランのまま園芸ショップに駆け込むと、思いのほか種類がたくさんあって、どれにしようか悩んでしまうかも……。自分のライフスタイルにマッチするオリーブはどれ？ 園芸店でゲットしやすい代表的な品種をシチュエーションにあてはめてみました。

パーティションにしたいと考えている人には

垣根にちょうど良いのは枝葉がたっぷり茂るタイプ。大らかすぎるほど縦横無尽に枝を伸ばす「ネバディロ・ブランコ」が目隠しにはおすすめです。品種図鑑では紹介していませんが、クリスマスツリーのような樹形になる「チプレシーノ」を使って、ヨーロピアンな雰囲気で楽しむパーティションも◎。枝先に葉が密生する「ミッション」も向いています。

一人暮らしのベランダーには

ベランダでガーデニングを楽しむ“ベランダー”には、小さなスペースでも育てやすい品種を選びましょう。おすすめは、枝がまっすぐ上に伸びる「ミッション」や「チプレシーノ」をコンテナ植えで。大きくしたくない時はトップの枝を切って高さを止めます。風通しが悪いと枯れ込むので、剪定で枝をすかしておきましょう。

収穫を楽しみたいグルメ派には

将来、自分で育てたオリーブで自家製オイルを味わいたいなら、オイル分が多い「ルッカ」「コロネイキ」「フラントイオ」など。「アザパ」「バロウニ」「ジャンボ・カラマタ」で大きなピクルスを作るのも楽しいです。ちなみに、葉がクルッとカールしている「カラマタ」は、フラワーアレンジで使いたい人におすすめです。

オリーブの花じゅうたん

オリーブは、5月下旬から6月上旬にかけて開花します。その時を待ちながらプクッと膨らんだ白いつぼみは、まるでポップコーンのような愛らしさ！ それらが弾けるように4枚の花びらをめいっぱい広げます。直径3mmほどの、とても小さな花たちです。一房に10～30個まとまって咲きますが、そこから実まで生長できるものは10分の1くらいとか。花咲く季節がまもなく終わる6月初め。小豆島を訪ねてみると、オリーブ畑は風に散った花々で乳白色に染まっていました。夏の訪れとともに天寿を全うするオリーブの花が魅せてくれた、香川・小豆島の風物詩。はかなく美しい花じゅうたんでした。

オリーブ

収穫後の楽しみ

オリーブの木に実がなるのは、挿し木から育てて5年、タネから育てて15年以上もかかります。それだけに念願の実がなった時は喜びもひとしお！ ビギナーにはまだまだ先の夢物語かも知れませんが、いつか訪れる収穫の秋を夢見て……。ピクルス、自家製オイル、無添加コスメ、摘み取った実の楽しみ方をご紹介します。オリーブオイルのソムリエが伝授するヘルシーメニューもお見逃しなく。

新漬けの作り方

希少な国内オリーブ産地の香川県小豆島では、早摘みした若い実を〝新漬け〟という独自の漬け物にして楽しんでいます。完熟した黒いオリーブで作る塩漬けにはない、コリコリッとした食感が魅力の〝新漬け〟。小豆島の人々にとって新漬けは故郷の味で、地元民いわく、家庭ごとに味わいも微妙に違うそうです。一度食べたら忘れられなくなる魅惑の味を、自家製オリーブで作ってみましょう。

1

10月上旬～11月中旬、早摘みした黄緑～ピンク色の実を集めます（これより熟したものは腐りやすいので新漬けには向きません）。さらに傷のあるものを取り除き、よく水洗いします。

2

ポリ容器に、漬け込む実と同量の水を入れ、さらに苛性ソーダを濃度2％になる分量だけ加えます（例：水100ccに苛性ソーダ2g）。苛性ソーダは水に溶かすと発熱するので注意しましょう。

3

約3時間後、苛性ソーダの発熱が収まってから実を入れます。空気に触れると黒く変色するので、実が浮き上がってこないように落としぶたをしてください。液も気泡を立てないように。

4

時々かきまぜながら12～16時間漬けると、苛性ソーダ液が茶色く濁ります。茶色いものはオリーブの渋（しぶ）です。濁った水は捨て、渋抜きから2日間は3時間おきに水を取り替えます。

5

水が濁らなくなったら実を水洗いし、新しく調整した4％の食塩水に入れて3日間“下漬け”します。その後、新たに調整した3％の食塩水で1週間ほど“本漬け”したら完成です！

用意するもの

オリーブの果実（黄緑～ピンク色のもの）、苛性ソーダ、食塩、ポリ容器（透明のものが良い）、落としぶた（金属製はNG）、はかり

※苛性ソーダは処方箋を取り扱う薬局などで購入できます。劇薬のため、購入時には身分証明書（免許証や保険証）が必要です。

収穫後の楽しみ

オイルの採り方

オリーブの木に実がなったら、ぜひオイルを採ってみましょう！ 採れる量はほんの少しかも知れませんが、自分で育て、実り、しぼったオイルの味は格別です。オリーブオイルには、悪玉コレステロールを減らして血管を若々しく保ってくれる〝オレイン酸〟がたっぷり！ 香川県農業試験場小豆分場の柴田英明さんに教わった、オリーブオイルの簡単な採り方をご紹介します。

1

11月下旬～1月、黒く熟した実を収穫します（目安は指でつまむとプチッと皮が破れるくらいのもの）。軽く水洗いし、しっかり水気を切ったら二重にしたポリ袋へ。

2

ポリ袋の中の空気を抜き、ジッパーを閉めたら、実をつぶしながら30～60分ほど揉みます。実がつぶれてくるとタネのとがった部分でポリ袋に穴があいてしまう場合があるので気をつけて。

3

果肉の表面にオイルが浮かんできたらOK！ キッチンペーパーをセットしたろうとを空きビンにのせて、ろ過装置を作ります。キッチンペーパーは、ろうとの先から数cm引き出しておきます。

4

つぶした果肉をろうとに入れましょう。隙間がないとオイルが流れにくくなるので、果肉は一度に詰め込まないように。数時間後、オイルと果汁が混ざった液体がビンにたまってきます。

5

部屋を暖かくするとオイルが早く多く採れます。果実500gで20～50mlが目安です。ビンの底には茶色い果汁と金色のオイルが二層になってたまります。金色の上澄みだけをオイルポットに移したら完成です！

用意するもの

オリーブの実（完熟したもの）、ポリ袋2枚（ジッパーつきのもの）、キッチンペーパー、ろうと、空きビン（透明なもの）、オイルポット

収穫後の楽しみ

オリーブオイル七変化

自分で採ったオリーブオイルは新鮮なうちに使い切ることが鉄則！オイルそのものの風味を堪能した後は、さまざまな調味料とあわせて〝フレーバーオイル〟で楽しんでみませんか？ オリーブオイルソムリエの小暮剛（こぐれつよし）さんが、気軽にトライできる調味テクニックを教えてくれました。オリーブオイルの奥深い魅力にハマること間違いなし！

1

アニョハセヨー

2

にっぽん！

4

3

本場イタリアから〝日本人初〟のオリーブオイルソムリエ（名誉称号）を授与されている小暮剛さん。ご自宅の庭でも大きなオリーブを育てていらっしゃいます。

1
コチジャン
韓国の唐辛子みそをオリーブオイルにあわせてみました。お刺身に添えて良し、魚やチキンをグリルする前に塗っても良しの万能スパイスに。

2
白みそ
米こうじたっぷりの甘口みそとオリーブオイルのマリアージュ！ 冷や奴にかけたり、煮魚の仕上げに入れてみたり。炒めオイルにも使えます。

3
柚子こしょう
青唐辛子＆柚子の風味がオリーブオイルによってパワーアップ！ イワシなどの青魚と相性バツグン。サラダドレッシングにしても◎。

4
バジル
イタリアンハーブとオリーブオイルは文句なしでぴったり。一日漬け込んだものを冷やしトマトにかけたり、ゆであげパスタにからめてみて！

5
マスタード
マスタードの芳醇な香りが際立つフレーバーオイル。熱々のソーセージにトッピングするのはもちろん、グリーンサラダのドレッシングに。

6
わさび
いわずと知れた日本の代表シーズニング＋オリーブオイル。おすすめは焼き魚にジュワッとかけて。ほんの少し醤油をプラスしてお刺身にも。

7
ガーリック＋鷹の爪
野菜炒めをワンランクアップさせるオイルです。パスタにからめればペペロンチーノ！ 時間が経つと香りがなくなるので１週間で使い切って。

5

6

7

小暮剛さんの おすすめ オリーブレシピ

料理研究家として世界各国のさまざまな料理を食べ歩いてきた小暮剛さんが、究極の食材と絶賛する“オリーブオイル”。なかでも良質のオリーブオイルは和食に良くなじむのだとか。オリーブオイルの魅力を知り尽くす小暮さんに、簡単＆ヘルシーなオリーブレシピを教えていただきました。

オリーブの筑前煮

〈材料〉
ごぼう………1／3本
大根………中1／4本
れんこん…小1本
にんじん…中1／2本
オリーブ（新漬け、塩漬け）…適量
EXバージンオリーブオイル…大さじ4
醤油………大さじ2
みりん……大さじ1
和風だし…1／2カップ

1 野菜類は皮をむき、ひとくち大にカットします。

2 1を軽く下ゆでします。

3 フライパンにEXバージンオリーブオイルを入れ、2を炒めます。

4 醤油、みりん、和風だしを加え、仕上げにオリーブオイルで照りをつけます。

5 お皿に盛ったら、オリーブの新漬けと塩漬けをトッピングして完成。

オリーブオイルの和風カルパッチョ

〈材料〉
白身魚（真鯛）…1尾
パプリカ………適量
ハーブ（セルフィーユ）…適量
EXバージンオリーブオイル…大さじ4
醤油……………小さじ1
塩………………少々
こしょう………少々

1 白身魚をスライスして、塩、こしょうをふります。

2 パプリカをひとくち大にカットします。

3 オリーブオイルと醤油をあわせます。

4 お皿に1を並べ、上から2をちらします。

5 仕上げに3とハーブをふりかけて完成。

収穫後の楽しみ

リップクリームの作り方

自分で育てたオリーブから少しだけオイルが採れたけれど、アッという間に使い切ってしまうのが、ちょっと淋しい……。そんな時はリップクリームにして長く楽しんでみませんか？ 世界でたった一つの、余計なものは何も入っていない、優しく自然なリップです。

用意するもの

自家製オリーブオイル（市販のEXバージンオリーブオイルでもOK）、蜜蝋（ミツバチが分泌する天然ワックス）、ミルク鍋、耐熱ビーカー、マドラー、好みのクリームケース、消毒用ウェットティッシュ（殺菌成分を含む）

1

作業を始める前にまずは両手を洗いましょう。その後、好みのクリームケースを、消毒用ウェットティッシュでていねいに拭き取ります。キャップも忘れずに消毒を。

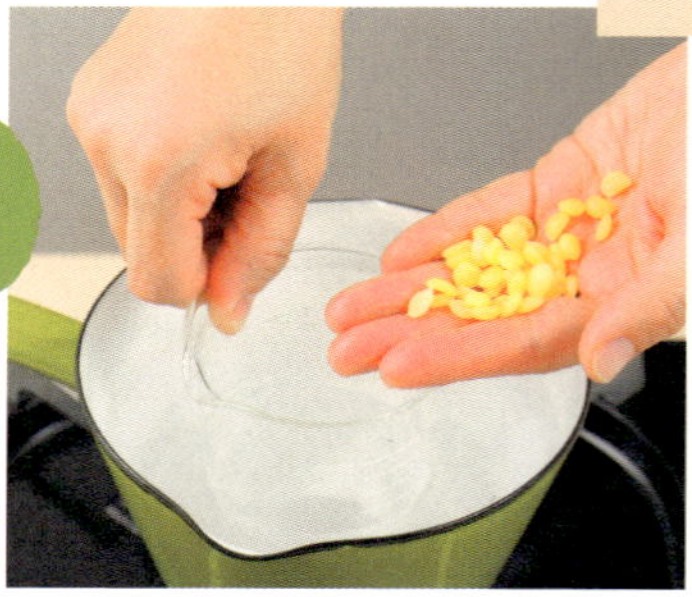

2

熱湯を沸かしたミルク鍋に、蜜蝋を入れた耐熱ビーカーを入れて湯煎します。蜜蝋が完全に溶けて透き通ったら、鍋ごと火から下ろします。あらかじめ厚手のふきんを用意しておきましょう。

3

溶けた蜜蝋に自家製オリーブオイルを流し込みます。蜜蝋とオリーブオイルの割合は1：5で計量してください。市販のオイルを使う時は必ずEXバージンオリーブオイルを使ってください。

4

固まらないうちにマドラーで素早くかき混ぜます。何も加えないほうが自然に仕上がりますが、エッセンシャルオイルで香りづけしたい時はこのタイミングで入れましょう。

5

マドラーを使ってクリームケースにリップオイルを入れます。粗熱が取れるまでキャップはしないでください。完全に冷えて固まったら完成！

収穫後の楽しみ

オリーブは
人類を救う!?

朝の洗顔後にEXバージンオリーブオイルを顔に塗る。これが料理研究家・小暮剛さんの習慣です。オリーブの実をただしぼっただけの、無垢なオリーブオイルは最高のスキンケアになるのだとか。もともとフレンチ出身の小暮さんは出張料理人として全国各地を回りながら、日本人の食文化にあう調理法を模索していました。そして辿り着いたのが“オリーブオイル”。各国のオリーブ園を視察し、その奥深い魅力にはまっていったそうです。「有史以前に生まれ、地中海地方のやせた土地で今も生き続けているオリーブの逞しさを、今こそ人類は見習うべきだと思います」と語る小暮さんは、食育の大切さを伝える活動のなかでも、次世代の食文化に“オリーブオイル”は欠かせないと熱く訴えています。ノアの方舟に平和の訪れを知らせたオリーブが、この混迷した時代に人類を再び救う鍵を握っているかも知れません。

コグレ クッキング スタジオ
千葉県船橋市東船橋7-15-13
TEL 047-422-1350
㊋㊡ 不定
http://www.kogure-t.jp

オリーブ

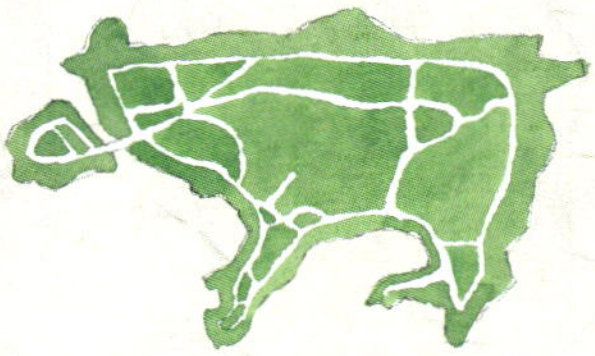

小豆島
オリーブ紀行

1908年、アメリカから輸入されたオリーブの苗木が三重・香川・鹿児島に植えられました。その時に唯一、栽培に成功したのが香川の小豆島。穏やかな瀬戸内式気候がオリーブに適していたのです。それから100年。小豆島のオリーブは、太陽がたっぷり降り注ぐ島のあちらこちらで、ますます元気に育っています。小さな苗木から始まった“オリーブの島”に、ドラマを求めて訪ねました。

小豆島にオリーブを訪ねて

高松港から高速艇に乗り、桃太郎伝説で知られる女木島、源平合戦の舞台となった屋島など、いにしえのロマンを駆りたてる瀬戸内の島々を眺めて進むこと30分。国内オリーブの発祥地・小豆島が視線の先に現れます。

島の玄関口となる土庄《とのしょう》港が近づくにつれ、フェリーの中まで漂ってくるのは胡麻油の香り。小豆島は全国一の生産量を誇る胡麻油の町で、その香りも土庄港にある胡麻油トップブランド「かどや」の工場からのものでした。醤油も有名な小豆島には「醤《ひしお》の郷《さと》」と名づけられた醤油蔵の集まる通りがあり、その道沿いは醤油の香りであふれているとか。島を訪れる人々を香りで歓迎するのが、小豆島の流儀なのかもしれません。

港に着くと、まず出迎えてくれるのは、やっぱり〝オリーブ〟。大きなオリーブの木が植樹された美しい広場があります。その広場には小豆島が舞台の小説『二十四の瞳』のワンシーンを象ったブロンズ彫刻、神々しいムードを放つ「オリーブの女神像」、香川県出身の詩人・河西新太郎氏が作詞した

1

2

3

4

1.高松港と土庄港を結ぶ航路は“オリーブライン”と呼ばれています 2.高速艇の中はレトロな雰囲気 3.土庄港そばの広場に立つ「オリーブの女神像」4.訪れたのは10月下旬。オリーブの実が色づいていました

「オリーブの歌」の歌碑なども飾られていて、小豆島上陸の記念撮影に最適なスポットです。
　旧約聖書の「ノアの方舟物語」に、方舟から放った鳩がオリーブの枝をくわえて帰ってきたことで、平和を知る場面があります。土庄港の女神像の手にも、鳩とオリーブの枝が。平和と幸せへの願いが込められた美しい広場に心癒され、いよいよオリーブ発祥の地へ。

1

2

3

土庄港を車で出発し、まず最初に立ち寄ったのが「オリーブナビ小豆島」。ここではオリーブをはじめとした小豆島の観光情報がゲットできます。メインフロアのパネル展示「オリーブ栽培100年の歩み」で、小豆島のオリーブ史も早わかり！　オリーブ関連施設の案内パンフレットもたくさん揃っているので、小豆島のオリーブを満喫したければ、ぜひチェックしておきたいスポットです。

　続いて向かった「小豆島オリーブ公園」で、カタドール（オリーブオイル鑑定士）の古川安久さんと合流。当園の事業部長として各メディアでご活躍の古川さんに、園内のオリーブを案内していただきました。小豆島・ミロス島姉妹提携の記念植樹など由緒あるオリーブが並ぶなか、ひときわ存在感を放っていたのが昭和天皇御手播きのオリーブ。御手播きされた3月15日はオリーブの日にも制定されています。

　8ヘクタールの広大な敷地には約2000本のオリーブが植樹されていて、年2回の剪定で発生する枝などは10tトラック4台分にもなるとか。葉は粉砕してお茶や入浴剤、家畜の飼料などに、枝はリースなどのクラフト作りに利用しているそうです。園内の「オリーブ記念館」で販売しているオリーブアイスにもオリーブの実が入っていると聞き、さっそくトライ！　「オリーブは捨てるところのない植物なんですよ」と、古川さん。なお、小豆島の小学校では1年生の入学記念にオリーブの苗木を配付しているそうです。

　園内の〝オリーブの路〟を通って「オリーブ発祥の地」に到着。日本で初めてオリーブが根づいた由緒ある地には、天然石の大きな記念碑が建てられていました。先人たちのたゆまぬ努力で小豆島のオリーブ栽培が100年続いていることを実感できるのはもちろん、きらめく内海湾が見下ろせる絶景ポイントとしても足を運ぶ価値あり！　地中海沿岸を思わせる美しい風景が、オリーブを訪ねる旅情をいっそう盛り上げてくれます。

6

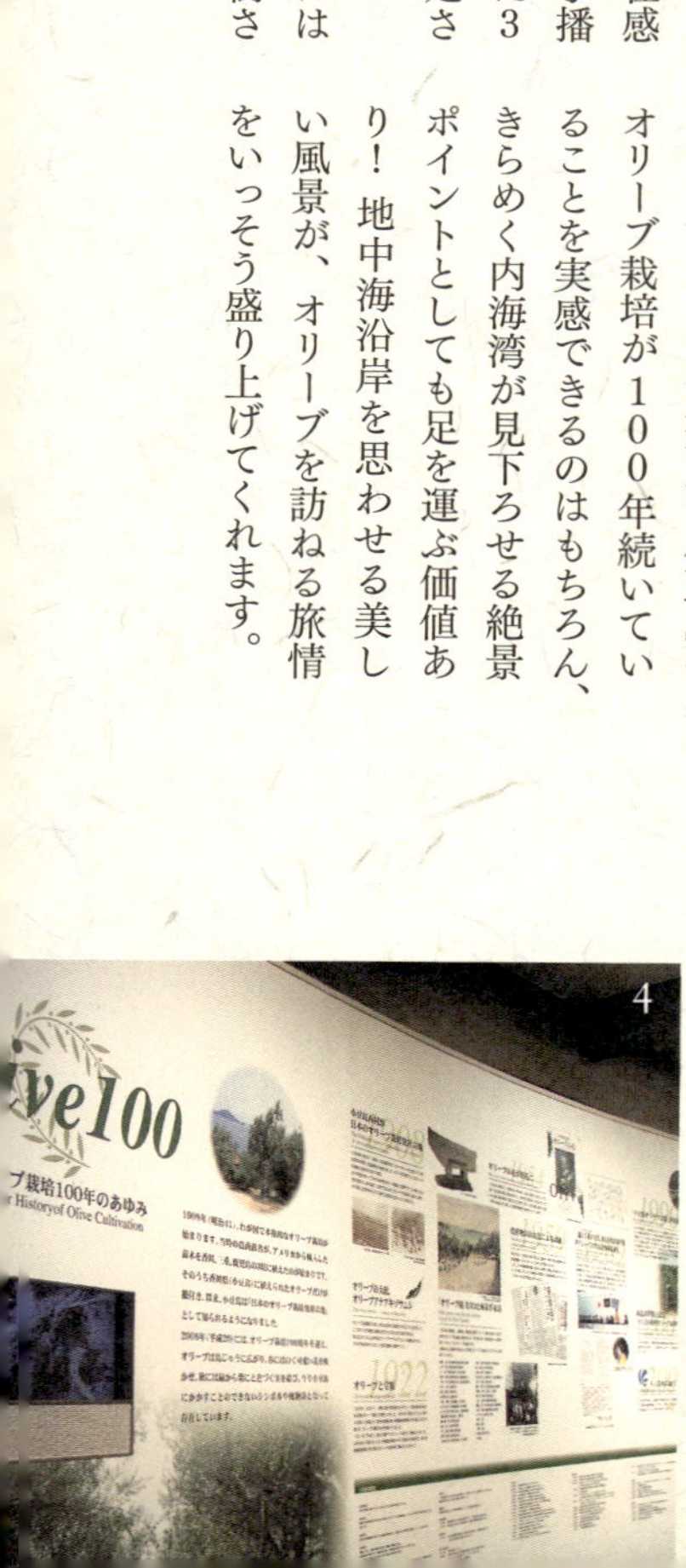

4

5

1.「小豆島オリーブ公園」の手作り体験で作ったミニリース 2.「オリーブ発祥の地」碑は1987年に香川県が建立 3.昭和天皇御手播きオリーブ 4.小豆島のオリーブ史がパネル展示されている「小豆島オリーブナビ」 5.完熟の時を迎えたオリーブが風に揺れていました 6.オリーブの実が入ったカップアイス

1.イタリア製のオリーブ収穫機。ブルブル振動して実を落します 2.「サルサ」種は実の表面がデコボコしていてユニーク！ 3.フランス原産の「カヨンヌ」種は枝葉がしなやかなのでフラワーアレンジ向き 4.明治時代のオリーブ試験成績報告書 5.香川県農業試験場小豆分場には珍しいオリーブ品種がいっぱい！

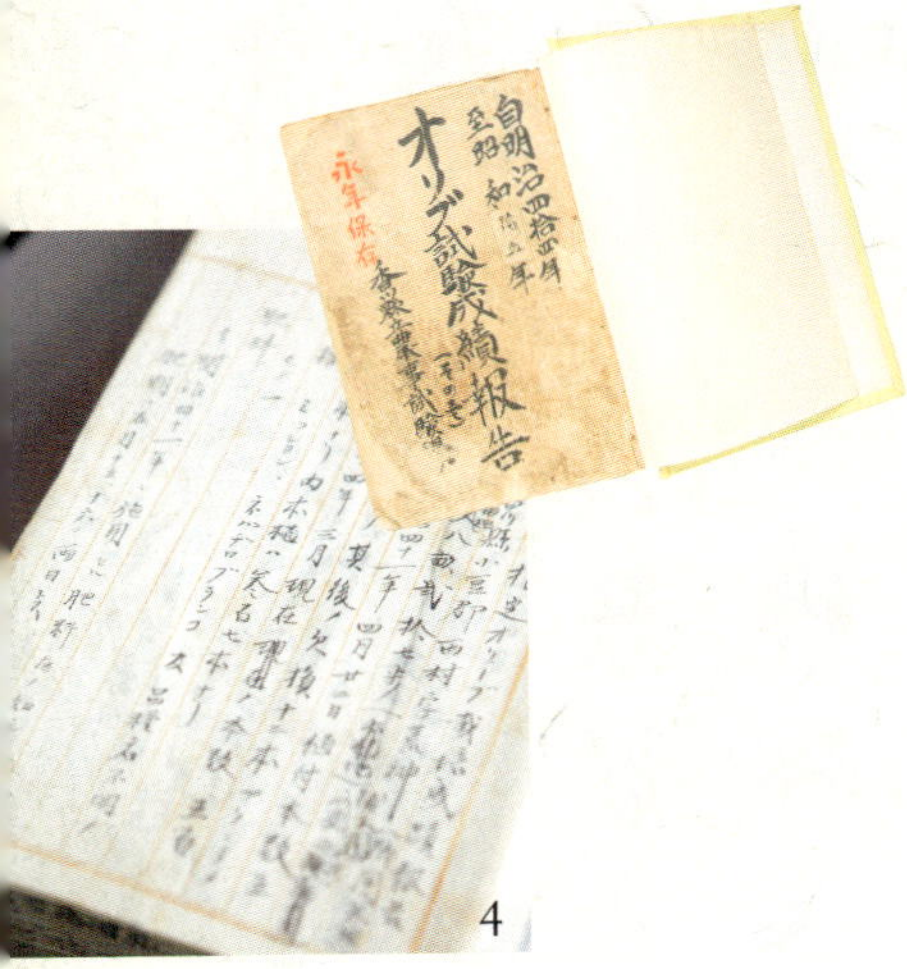

香川県農業試験場小豆分場では、敷地で65品種のオリーブを栽培しています。ここの主任研究員として、オリーブ研究の先鋒を担っている〝オリーブ博士〟こと柴田英明さんを訪ねました。10月下旬、小豆分場は新漬け用オリーブの収穫まっ最中。作業をしている皆さんの、なんとも素敵な笑顔につられて、こちらもスマイル！「地元民にとって、オリーブは家族のようなものですからね」と柴田さん。

小豆島は年間平均気温15度、年間降水量１２００ミリ程度と、温暖で比較的雨が少ない瀬戸内式気候です。この風土がオリーブ栽培の盛んな地中海沿岸によく似ていること、そして栽培者や加工業者のたゆまぬ努力があったことから産地化したといわれています。

オリーブは全世界の約８８０万ヘクタールで栽培されていますが、そのうち小豆島はわずか70ヘクタール。香川県は日本一面積の小さな県ゆえ、農業も個々の小さな田畑で行われているのが特徴です。小規模農業のメリットは、すみずみまで目を配って、ていねいに作物を育てられること。小豆島オリーブの品質が優れているのは小規模栽培の賜物なのです。

世界で栽培されているオリーブは１２７５品種（同名異種までカウントすると約５０００種）あり、小豆島には70品種ほど入ってきているそうです。小豆島オリーブの主要品種は「ミッション」「マンザニロ」「ネバディロ・ブランコ」「ルッカ」の4品種。「ミッション」「マンザニロ」「ネバディロ・ブランコ」の3品種は明治時代に、「ルッカ」は大正時代に導入された、と記された古い資料も見せてくださいました。

オリーブは温暖な環境を好みながらも、冬の寒さを受けないと実がならないこと。そして、日照時間は年間１９００時間以上あるのが好ましいこと。オリーブのさまざまな特徴を〝オリーブ博士〟から直接教えていただいて、ますますオリーブへの興味はふくらむばかり！

次に訪ねたのは、オリーブをはじめ、ミカン、スモモを栽培している「畑口農園」。オーナーの畑口欣哉さんは、35歳の時に家業を継ごうと東京から小豆島に戻ってこられました。島を離れていた年月は18歳からの17年間。島に帰るきっかけは、心に焼きついた〝故郷の原風景〟にありました。

「農学部に入ったので、いずれ実家を継ぐ気持ちはありました。でも大学は1年で辞めて(笑)。その後しばらく東京を拠点に暮らしていましたが、人生経験を積むほどに小豆島の原風景が懐かしくなってきてね。海が太陽の光できらめいて、そこにオリーブの葉が揺れていたなぁ……。家の近くの「森口屋旅館」には画家さんがよく泊まりに来ていて、オリーブの絵を描いているのを覗きに行くのが楽しみだったなぁ……と。やっぱり生まれ育った島で暮らすのが一番かな、と思ったんです」日本でこれだけ美しいオリーブの群生が見られるのは小豆島だけ、と微笑む畑口さん。

現在、畑口農園には15アールのオリーブ畑があります。最初にオリーブの苗を植えたのはお祖母さんとのこと。その頃は養豚やさつまいも栽培もしており、経済栽培として本格的にオリーブを始めたのは畑口さんのお父さんでした。

「小さい頃は新漬け（青いオリーブの塩漬け）が食卓にあがるのを心待ちにしたものです。漬け物用にもオイル用にも出荷できなかった分だけを自宅用に漬けますので、ほんの少量だったから余計楽しみだったんですよね。小豆島生まれにとってはソウルフードみたいなものです。新漬けの種を抜いて、砂糖醤油で佃煮風にしたものもおいしいですよ。油っぽいので食べ過ぎると胸やけしますけど(笑)」

1.畑口家特製の新漬けをオリーブ茶とともにいただきました　2.お母さんの畑口好子さん。手にしているのは自家製の新漬けです　3.雨に濡れそぼるオリーブの実　4.「畑口農園」には学生が卒論研究で訪ねてくることも多いそうです　5.手作りの看板に畑口さんの人柄がにじみ出ています

1

2
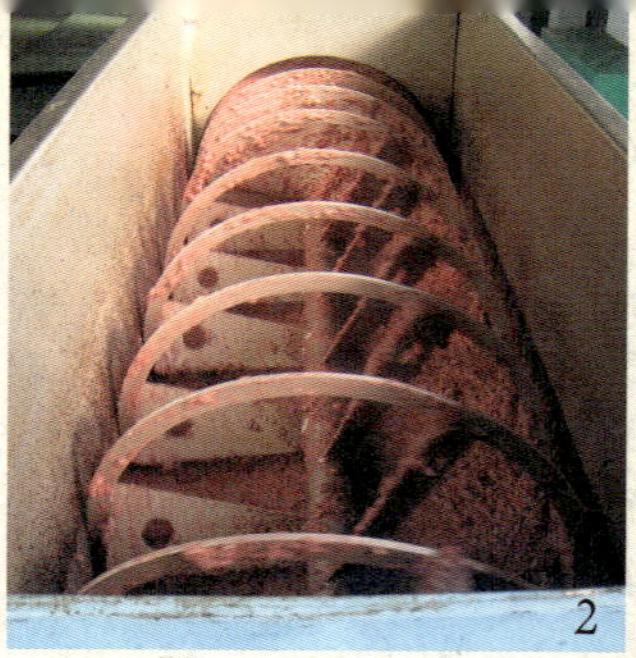

3

収穫したオリーブからどのようにオイルに採るのか現場を見てみたくて、小豆島でもっとも歴史あるオリーブオイルメーカー「東洋オリーブ」へ。特別に採油プラントを覗かせていただきました。

「ここでは100%香川県産のオリーブオイルを、一日2tの果実から採油しています。オリーブオイルの本場・イタリアから導入した採油機で、一度に800キロのオリーブを処理できるんです。部品などは全てイタリアからの取り寄せになるため、メンテナンスは結構大変です」と、管理部購買課長の土居秀浩さん。

まず、ウェットウォッシャーで採れたてのオリーブ果実を素早く洗浄。次に、ドライセパレーターで小石や葉などの異物をふるいます。クラッシャー&マラキシングでは、ペースト状に加工して40分ほど果肉を練り上げ、そのペーストはデカンターで固形分と液体分に分離。最後に、デカンターで取り出した液体分を果汁とオイルにセパレート。こうしてオリーブオイルが完成します。

「品種によってオイルの食味は全く違ってきます。小豆島オリーブで主流のルッカは、ややスパイシーで清涼感あるオイルになります。日本人の味覚には、苦みがマイルドなミッションのオリーブオイルが合うとされています。最近はデパートなどで、いろんな産地のオリーブオイルが並んでいますから、いろいろ試して自分好みのオリーブオイルを見つけてみるのも楽しいですよ」

土居さんはプライベートでもオリーブを育てて楽しんでいます。ご厚意に甘えてご自宅を訪ねてみると、庭には少し小ぶりなオリーブの木が3本。いずれもお子さんが生まれた年にタネを蒔いて育てたものだとか。その記念樹とともに写真におさまってくれた、長女の加奈子さん&次男の悠大《ゆうた》くん。オリーブがつなぐ家族愛に心和みつつ、小豆島オリーブの旅を終えたのでした。

4

5
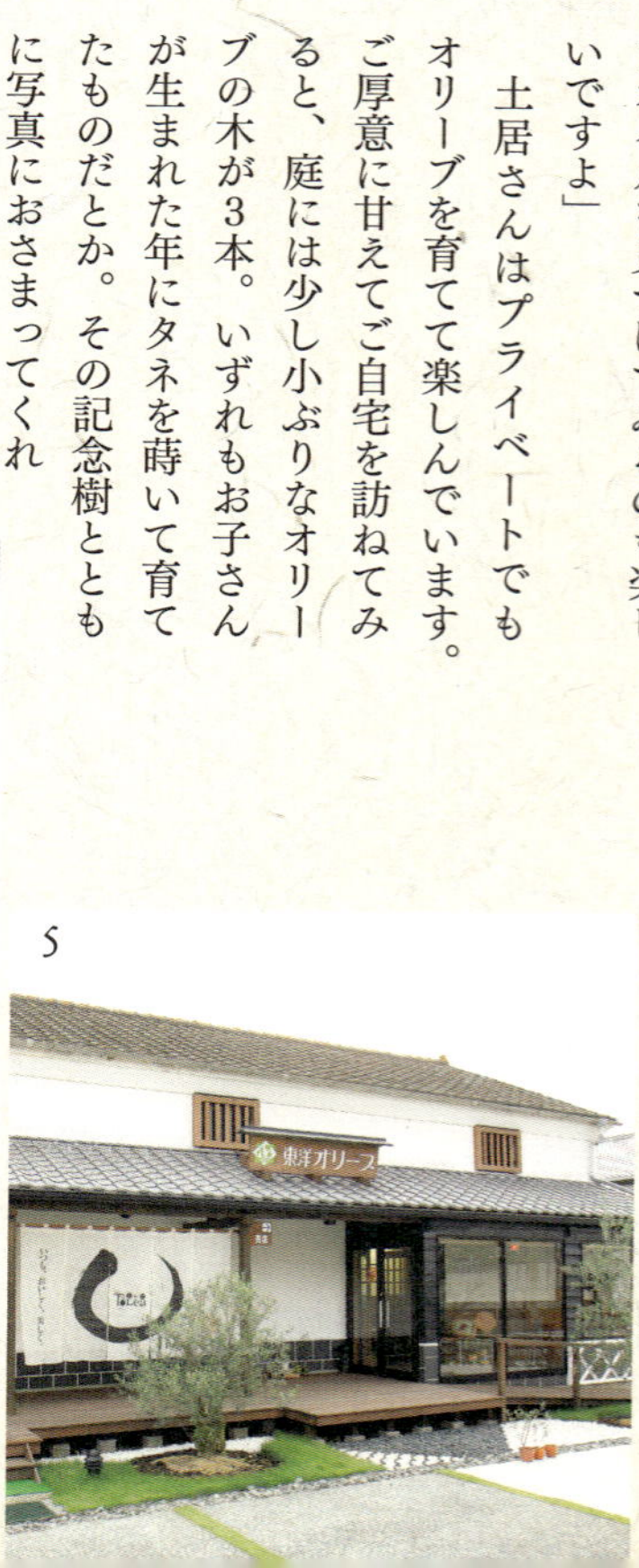

6

1.新鮮なオリーブが次々と投入されます 2.オリーブの実をペースト状に練り込む工程 3.採油機はイタリアのALFA－LAVAL社製 4.しぼりたてのオリーブオイルが金色に輝いていました 5.本社横にあるアンテナショップにはオリーブ製品がズラリ 6.「東洋オリーブ」のオリーブコスメは最高品質のオリーブを手摘みして作っています

ALIVE
SPALDING
56
Spalding

ハートのオリーブの見つけ方

小豆島では多くの方々にお世話になりました。なかでも印象深いのが、取材現場で“ハートの形をしたオリーブの葉”を自由自在に見つけてくださった田中利幸さん。香川県農業試験場小豆分場の研究員でいらっしゃる田中さんいわく、ハート型の葉っぱを見つけるにはポイントがあるのだとか。

● **ポイント1**
枝葉の多い品種を要チェック！ ネバディロ・ブランコでの発見率が高いとか。
● **ポイント2**
葉っぱの小さな品種に狙いを定めて！
● **ポイント3**
“枝の根元”をじっくり探してみましょう。枝先にはまず見当たらないそうです。

ハートの形をしたオリーブの葉は、見つけた人に幸せをもたらすとのこと。自分で育てたオリーブに、ハートの葉っぱが現れたらうれしいですね！

オリーブ

オリーブと出会う

もっとオリーブの魅力に触れてみたいと思ったら、ぜひ香川県の小豆島に足を運んでみましょう。日本でオリーブの群生が体感できるのは小豆島だけ。その美しさにきっと心を奪われるはず。今すぐオリーブを育ててみたい人は、インターネットで苗木を入手することもできます。どうか皆さんにオリーブとの運命的な出会いが訪れますように！

小豆島オリーブスポット

穏やかな瀬戸内海にゆったり浮かぶ小豆島に、オリーブが根づいて1世紀。この〝オリーブの島〟には、オリーブと触れあえるスポットが数多くあります。オリーブの歴史、美しさ、おいしさを小豆島で満喫しましょう。

小豆島オリーブ公園

瀬戸内海を一望できる丘に約50種2000本のオリーブが植えられています。ギリシャ・ミロス島との姉妹提携を記念した「ギリシャ風車」、オリーブの資料を集めた「オリーブ記念館」など見どころいっぱい。レストラン、宿泊施設、温泉もあるので一日中楽しめます。

香川県小豆郡小豆島町西村甲1941-1
TEL 0879-82-2200
㊒8:30～17:00（オリーブ記念館）
㊡なし
http://www.olive-pk.jp

オリーブナビ小豆島

小豆島の歴史や観光イベントなどの情報が盛りだくさん。メインフロアでは「オリーブ栽培100年の歩み」がパネルで紹介されています。オリーブ関連スポットの案内パンフレットも豊富に揃っているので要チェック！ 季節ごとにさまざまな展示を行なうギャラリーもあります。

香川県小豆郡小豆島町西村甲1896-1
TEL 0879-82-7007
㊒9:00～17:00
㊡12/28～30
http://www.town.shodoshima.lg.jp

小豆島オリーブ園

3ヘクタールの敷地に約2000本のオリーブを育成する、日本最初の民間オリーブ園。今なお生長している小豆島オリーブの原木がある「オリーブの丘」、散策にぴったりな「オリーブの小道」、キリスト教伝来400年目に建てられた十字架「文明の塔」などがあります。

香川県小豆郡小豆島町西村甲2171
TEL 0879-82-4260
㊒8:30～17:00（ショップ）
㊡なし
http://www.1st-olive.com

井上誠耕園（いのうえせいこうえん）

“自然の恵みに感謝を込めて、誠意を持って大地を耕す農園”がコンセプト。100％小豆島生まれの実を使った「手摘み緑果オリーブオイル」「新漬けオリーブ」などのオリジナル商品が充実しています。※農園を見学したい時はあらかじめ日程などをご連絡ください。

香川県小豆郡小豆島町池田2352
TEL 0120-75-0223
㊒9:00～17:00（ショップ）
㊡日祝
http://www.inoueseikoen.co.jp

東洋オリーブ

小豆島でもっとも歴史あるオリーブオイルメーカーのアンテナショップが、本社そばに2008年オープン。自社農園で収穫したオリーブを使ったオリーブオイルや新漬けをはじめ、化粧オイルや洗顔ソープも取り揃えています。店内にはベンチもあり、休憩スポットにも最適！

香川県小豆郡小豆島町池田984-5
TEL 0120-750-271
㊒9:00～17:00（ショップ）
㊡日祝
http://www.toyo-olive.com

オリーブの苗木取扱いネットショップ

オリーブ人気の高まりにあわせて、ほとんどの園芸店で「ミッション」「マンザニロ」などの代表品種の苗木が手に入るようになりました。人とは変わった品種を育ててみたい人はネットショップでお気に入りを探してみて！

engei.net（園芸ネット）

約7000点ものガーデニング用品が揃う専門ショッピングサイト。ガーデニングに適したオリーブとして注目のチプレシーノ（シプレッシノ）ほか、ネバディロ・ブランコ、マンザニロ、ルッカなど多数。

http://www.engei.net

日本花卉ガーデンセンター（本店）

1940年創業の日本花卉が運営する日本最大級のガーデニングサイト。アザパ、コレッジョラ、フラントイオ（パラゴン）、ハーディーズマンモスなど、幅広いオリーブ品種を扱っています。

http://www.nihonkaki.com

Cadeau（カデュー）

提携先の小豆島オリーブ園が、一本一本愛情込めて育てたオリーブの木を取り扱う専門サイト。現品販売なので好みの樹形を選んで購入OK。オリーブの聖地・小豆島から直接届けてくれます。

http://cadeau.ocnk.net

DOG CAT FLOWER'S

寄せ植えのプロがセレクト販売するコンテナガーデン専門サイト。各種苗木はもちろん、おしゃれな寄せ植えアレンジのオリーブも用意しています。マタタビなど、ペットに優しい植物も充実。

http://www.ohanadaisuki.com

e-ティザーヌ

100種以上のシングルハーブをはじめ、ハーブにまつわるアイテムを幅広く取り揃えた専門サイト。管理の行き届いたハーブナーセリーで栽培したオリーブの苗木4品種が入手できます。

http://www.e-tisanes.com

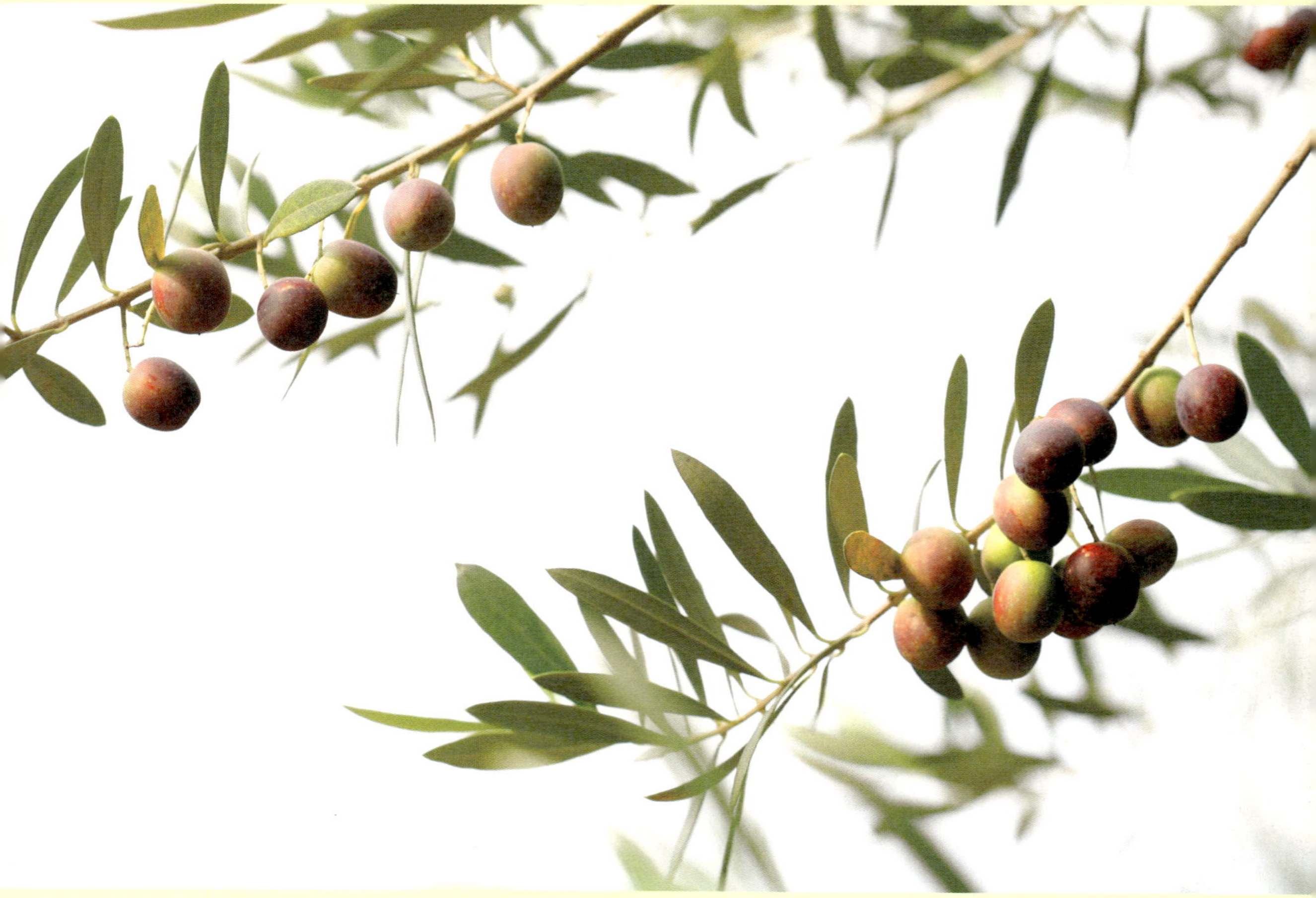

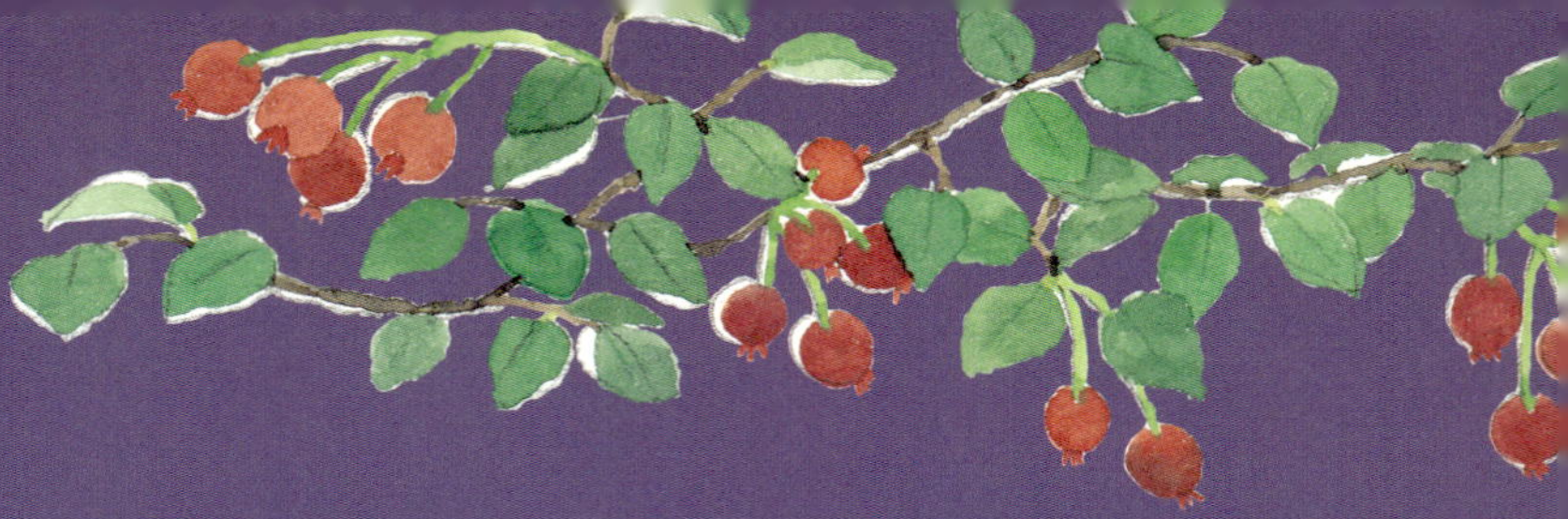
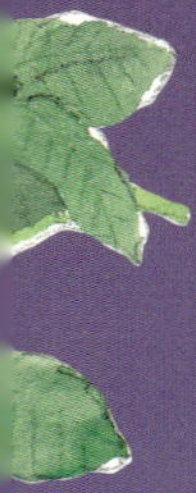
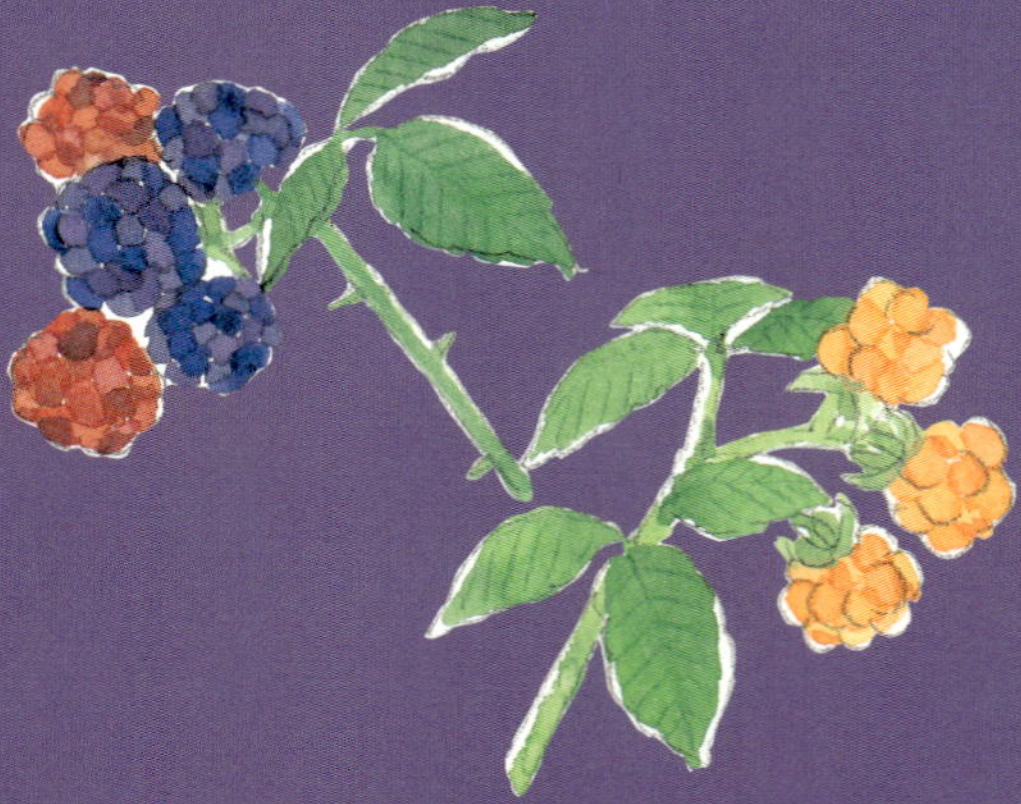
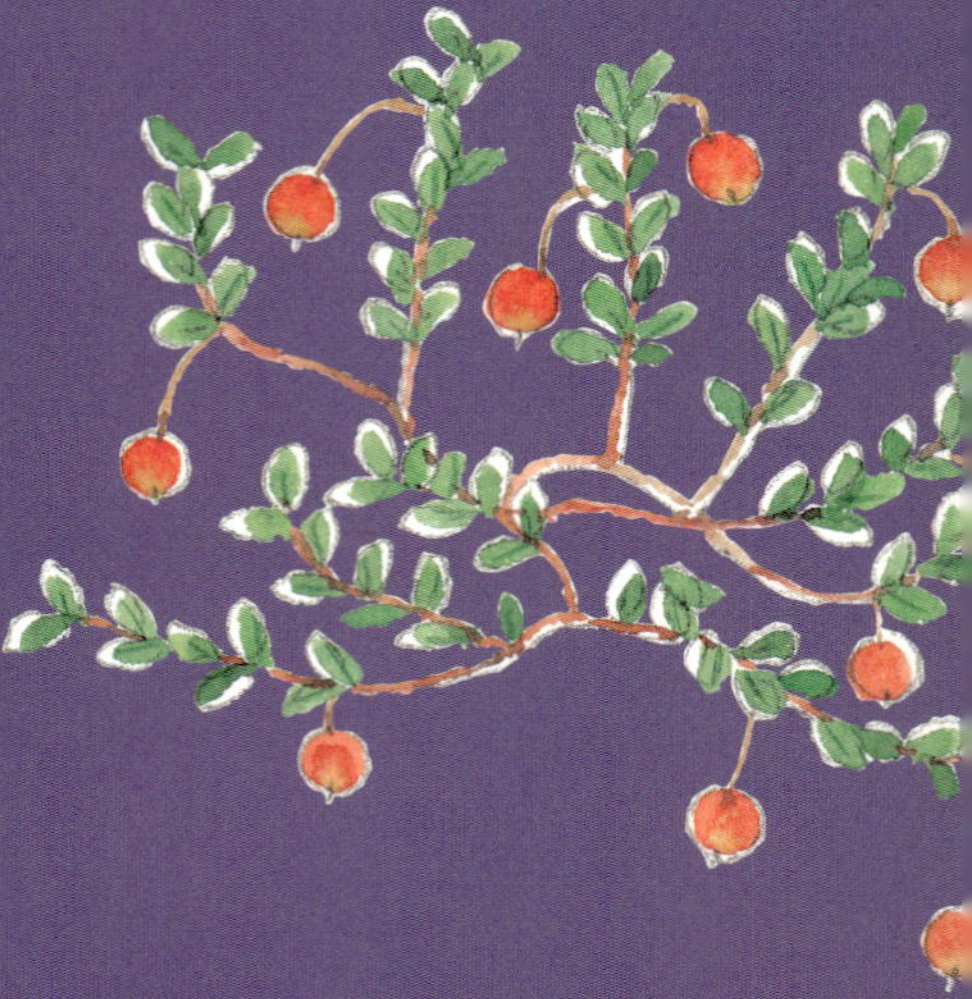
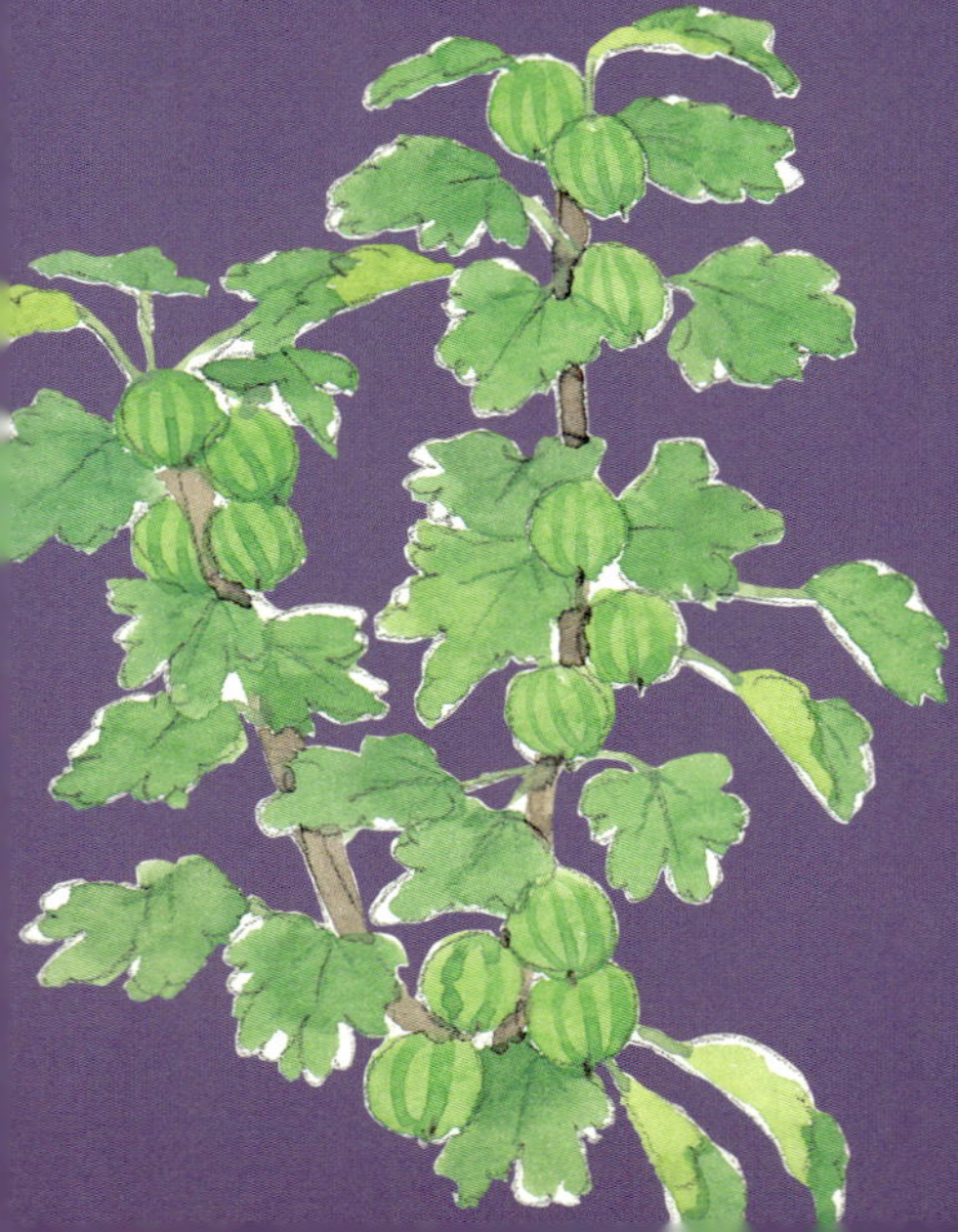

ベリー

Olive & Berry Fun Book

ベリーのこと

〝ベリー〟とは、ジューシーでやわらかな果肉を持つ小さな実のこと。春から夏に色あざやかな実を次々とつける愛らしさは格別で、多くのガーデナーを魅了しています。可愛いだけではありません！　ブルーベリーのアントシアニンをはじめ、その実にはカラダに良い要素もたくさん含まれています。誰にでも簡単に育てられるカジュアルさもうれしいかぎり。おいしくてヘルシーなベリーで、今すぐマイガーデンをおしゃれに豊かに彩りましょう。

気候に恵まれた日本には数多くのベリーが自生

日本のワイルドベリーは素朴で力強いのが特徴。和製ブルーベリーと呼ばれる「シャシャンボ」、標高の高いところで育つ「ベニバナイチゴ」、アイヌの人たちが〝不老長寿〟の妙薬として珍重していた「ハスカップ」などが自生しています。

古くから食用されている元祖エナジーフード

ベリーの植物史は古く、人類は野生種を有史以前から食用していました。アメリカ原産のブルーベリーやジューンベリーなどは、ネイティブアメリカンたちの貴重な栄養源だったとか。ヨーロッパでは数千年前からカラントを食べています。

ベリーのこと

美しい紅葉も
ベリーの楽しい魅力

ベリーたちはおいしい実をつけてくれるだけでなく、美しい紅葉でも私たちを楽しませてくれます。収穫が終わり、ひと息ついた9月過ぎからブルーベリーやラズベリーの葉が真っ赤に。カラントの葉も黄色く輝いて、ガーデンを彩ります。

世界中にはさまざまな
ベリーがいっぱい！

黄色いラズベリーの「ファールゴールド」、アントシアニンがブルーベリーの約2倍という「チョークベリー」、18種ものアミノ酸を含む「シーベリー」、濃厚な味わいの「ビルベリー」など、世界にはたくさんのベリーがあります。

どんなスペースでも
簡単に育てられます

ベリーは生命力が強いので、ガーデニング初心者にも簡単に育てられます。日当りさえ確保できれば高層マンションの屋上でだって大丈夫！『ブルーベリー大図鑑』の著者・渡辺順司さんも、大都会の真ん中でブルーベリーを栽培しています。

まるごと味わえるのがベリーの魅力

ベリーを育てる醍醐味は何といっても〝収穫〟です。愛情を込めて大事に育てれば、次々においしい実をつけてくれます。皮をむかずにまるごと食べられるから、摘んだら生のままポイッとお口にどうぞ。ベリー独特の甘酸っぱい風味を新鮮なうちに召し上がれ！

冷凍して

自慢のベリーがたくさん収穫できたらフリージング保存を。果実は洗わず、なるべく重ならないように冷凍保存用のポリ袋に。空気を抜いて密閉できるジッパーつきのものが便利です。保存期間は冷凍庫で1年。風味もほとんど変わりません。

加工して

ジャム、ソース、お酒と、ベリーのおいしさは無限に楽しめます。新鮮なうちに加工するのがベストですが、冷凍保存したものを使っても問題ありません。ラズベリーやブラックベリーの葉は乾燥させてハーブティーにも使えます。

そのままで

フレッシュな実を摘みながら食べる！ ぜひ無農薬で育てて、ベリーそのものの味わいを体感しましょう。冷蔵庫で保存するなら、ブルーベリーやカラントは収穫して一週間以内、ラズベリーやブラックベリーは2〜3日で食べ切ってください。

ベリーのこと

ベリーガーデンの楽しさ

ガーデンをにぎやかに演出するベリーたち。枝を長く伸ばすもの、地面を這うように育つもの、とても大きく生長するもの……、ひとくちに〝ベリー〟と言っても、そのフォルムはさまざま。どのくらいのスペースで育てるのか、どんな庭にアレンジしたいのか。ベリー栽培を始める前にイメージしておきたい大切なポイントです。

ハンギングで

ワイルドストロベリーやクランベリーのように、地面を這うように伸びるベリーはハンギングに最適！ バスケットを吊るすスペースさえあれば、自由にレイアウトできます。日当りの良い場所でお気に入りのカゴに入れて楽しみましょう。

コンテナで

ベリーはとても丈夫なので、コンテナ（植木鉢やプランター）でも十分育てられます。愛らしいベリーのコンテナは、庭やベランダのアクセントになること間違いなし！ ポケットつきのカンガルーポットを使ったベリーの寄せ植えもおすすめ。

シンボルツリーに

マルベリーやジューンベリーのように、とても大きく生長するものはシンボルツリーとして植えましょう。日当りの良い場所にレイアウトするのはもちろん、ほかの植物とのバランスも考えて。ブルーベリーも地植えすると大きく育ちます。

フェンスに

シュートが長く伸びるラズベリーやブラックベリーは、トレリスやフェンスにからめてナチュラルな垣根に仕立てましょう。枝葉をたくさんつけるグーズベリーやカラントも、フェンスそばに植え込むと素敵なパーティションになります。

ミツバチを呼ぶ ベリーな寄せ植え

ブルーベリーは剪定で小さく仕立てられるので、コンテナでも育てることができます。ただし、ブルーベリーは酸性の土を好むため、ほかの草花と寄せ植えしたい時は同じ性質のものを選びましょう。アサガオのようなラッパ型の花を咲かせるペチュニアは、酸性に適しているのでブルーベリーとの相性もぴったり！ 色あざやかなペチュニアに誘われてミツバチやチョウチョもやってくるので、受粉の手助けにもなって収穫量もアップ。ある程度に生長したブルーベリーはスタンダード仕立て（高く伸ばした一本の幹に枝葉を上部だけに残す剪定方法）にして、株元のスペースを使って草花をアレンジするとスタイリッシュにまとまります。寄せ植えを楽しむ場合は、ブルーベリーの株より少し大きめのコンテナを選んでください。

ベリー

ブルーベリー

アメリカ生まれのブルーベリーはツツジ科スノキ属の落葉低木。春に咲く可憐な白い花、初夏から熟す小さな実、秋には葉が真っ赤に染まり、四季折々の魅力で楽しませてくれます。とても丈夫で家庭菜園ビギナーにも育てやすく、病害虫の心配も少ないから農薬もほとんどいりません。アントシアニン、ビタミン、食物繊維など、青紫色の甘酸っぱい実に秘められた活力も見逃せません。

ブルーベリー

熟した果実が青紫色になるから〝ブルーベリー〟と名づけられた、北アメリカ原産の落葉低木。ネイティブアメリカンたちは古くから野生種を食べていました。青い実には瞳に良いアントシアニンがたっぷり！ 品種によって違いはありますが一カ月ほど収穫が楽しめます。

Blue berry

科名：ツツジ科
属名：スノキ属
学名：Vaccinium spp.
別名：アメリカスノキ、ヌマスノキ

品種の選び方

ブルーベリーの品種には大きく分けて3系統あります。マイナス30度の寒さにも耐える「ハイブッシュ系」は大粒でおいしい品種が豊富。暑さに強い「ラビットアイ系」は丈夫な品種が揃っています。「サザンハイブッシュ系」は暖地向きで樹形がコンパクトなのが特徴です。地域の気候にあう系統を選ぶのはもちろん、丈夫な品種で株のしっかりした3～4年生苗を入手すれば、初心者でもその年から収穫を楽しむことができます。

植えつけ方

ブルーベリーは酸性の土を好むので、植えつける場所にはピートモスを混ぜて酸度を高めておきましょう。園芸店には、あらかじめ酸度を調整したブルーベリーの専用土も売られています。コンテナ植えの場合は直径25cmほどの素焼き鉢を選んで。地植えもコンテナ植えも日当りと風通しの良い場所が鉄則です。夏を避ければいつでも植えつけOKですが、秋植えすると冬の間に根が十分休眠し、春から栄養分を取り入れるので育ちが良くなります。

良い実のつけ方

ブルーベリーは一本だけでは実がなりにくいので、同じ系統どうしで2品種以上を一緒に育てましょう。それぞれの花粉はハチなどの昆虫によって自然に受粉されますが、昆虫を見かけない場合は筆や綿棒を使って人工授粉を。花芽がたくさんつきすぎているところはバランスを見て間引き、残した実を大きくさせることもできます。開花から実が育つ時期は毎朝の水やりを忘れずに！ 特に暑い日は朝夕2回たっぷりと水を与えましょう。

ブルーベリーの年間作業カレンダー

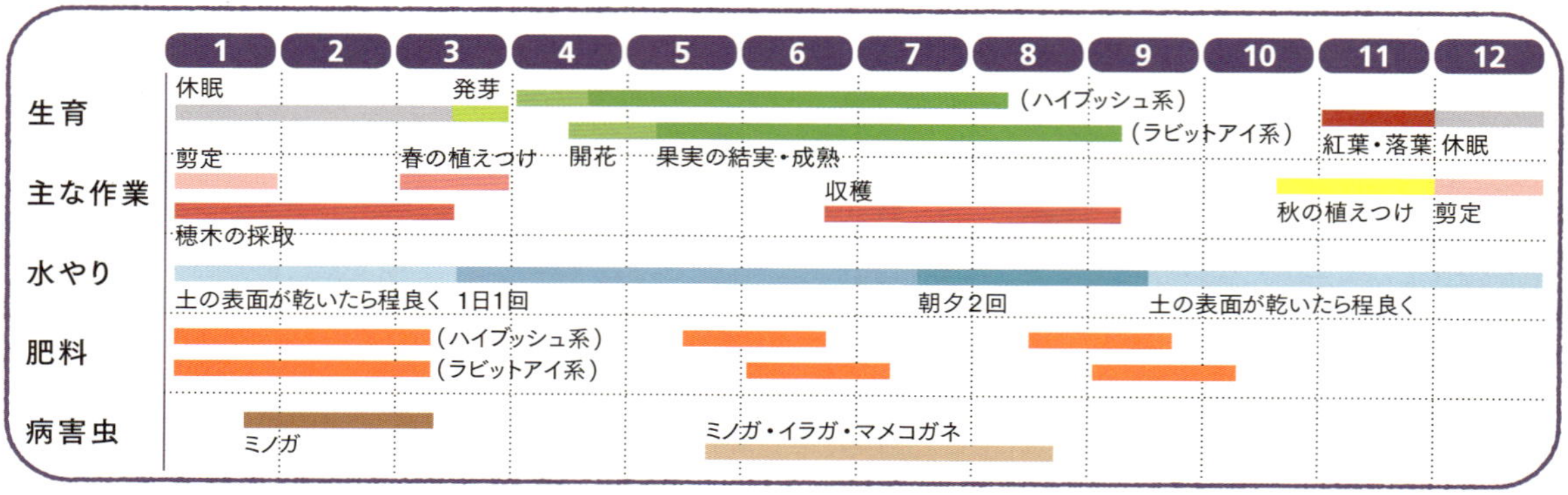

※このカレンダーは関東地区のものです

ブルーベリー

コロッと丸くて可愛らしいブルーベリーの実。房の先から次々と成熟していくので、果実のつけ根までしっかり色づいたものから収穫していきましょう。表面についている白っぽい粉は“ブルーム”といって、果実を守るためにブルーベリー自身が分泌しているもの。そのまま食べても大丈夫です。

挿し木の作り方

大きく生長したブルーベリーの木は、冬の休眠期に株全体のバランスを整えるために剪定が必要です。剪定した枝は挿し木に使えば株を増やすことができます。育てた苗木はプレゼントにもぴったり！ 上級テクニックですが、ぜひチャレンジしてみましょう。

1 剪定枝を短くカット

ビニール袋に入れて冷蔵庫で保管しておいた剪定枝を、指4本くらいの長さにカットします。3月中旬が適期です。

2 埋める部分を斜めカット

葉の付け根を上向きにして埋めることを確かめながら、下になるほうの端を接ぎ木用ナイフで深く斜めにカット。

3 乾燥予防にワックスを

乾燥を防ぐための処置として、挿し木の上になる部分（平らなほう）に溶かしたワックスをつけます。

ブルーベリー栽培の管理ポイント

コンテナ植えも地植えも、年間を通して日当りの良い場所で育てましょう。乾燥に弱いので、春と秋は毎朝1回、夏場は朝夕2回、冬場は土の表面が乾いたらたっぷりと水やりを。株元をバークチップなどで覆うと乾燥防止になります。肥料は1～3月に春肥（油かすなど）、5～6月に夏肥（化成肥料）、8～9月に秋肥（化成肥料）を、株元から離して施します。ブルーベリーは病害虫に強いので無農薬で育てられます。

4

育苗ポットに挿しましょう

斜めにカットした部分に発根剤をつけ、ピートモス7：鹿沼土3をブレンドした育苗ポットに挿します。

5

一カ月ほどで可愛い芽が！

乾燥に注意しながら管理すると1カ月ほどで発芽。根が発達する8月頃に大きめのポットに移します。

挿し木から3年後のブルーベリー。枝もグングンのびて立派に育ちました！

6

十分育ったら鉢植えに

一年経つと枝や葉の数も増えてきます。芽や根の成長が止まる10～12月くらいに好みの鉢に植えつけましょう。

ブルーベリー品種図鑑

ブルーベリーは品種がとても豊富！ 見た目はどれも同じように思えますが、果実のなるタイミングや大きさ、その味わいなどに個性があります。コンテナ植えにして水やりと冬の防寒をしっかり行えば、どの品種も簡単に育てられます。

ハイブッシュ

果実が大粒でおいしい品種が多いのが特徴。寒い地域での栽培に適していますが、暖かい場所でも育つように改良され始めています。収穫期は暖地で6〜7月上旬、寒冷地で7〜8月上旬。土壌が酸性でないと発育が悪くなるので、ためた雨水を水やりに使うなど、土のphを酸性にキープする手間が多少かかります。

コビル

Coville

強い酸味と香りが魅力のツウ好みな品種。とても大きく肉厚な実をつけます。樹勢が強く、シュート（樹木の根元から生えてくる若芽）がたくさん出るので剪定に手間がかかります。ブルーベリー品種開発の第一人者、アメリカ農務省・コビル博士の名前がついてます。

ウェイマウス

Weymouth

ブルーベリーの中で最も早く実をつける“極早生品種”で、花芽は晩秋からふくらみ始めます。育てやすくて実もたくさんつけるのでホームガーデン向き。紅葉の美しさにも定評があります。その名はニュージャージー州のウェイマウスという地名に由来しています。

スパルタン

Spartan

一粒7gにもなる特大の実をつける人気品種。やや明るいブルーで粒揃いな美しいルックスに加え、香りも良いので生食に向いています。他の品種に比べて土壌管理に注意が必要なので栽培は上級者向け。土にピートモスをたくさん混ぜて水はけを良くする必要があります。

バークレイ

Berkeley

初心者向き

子どもが摘みながら食べられるほど非常に甘い、2cmほどの大きな丸い実をたくさんつけます。生長が早く樹形も整いやすいのでビギナー向き。暑さに強く、暖かいところでも育てられます。アメリカ農務省が栽培を推奨する"ビッグセブン（七大品種）"のひとつ。

デューク

Duke

初心者向き

粒揃いの大きな実は2cmほどになり、硬い果肉は独特の歯応えを醸し出します。実の熟すタイミングが比較的揃うので、一度にたくさんの収穫が楽しめます。完熟しても落果しにくいので過熟に注意！ 熟し過ぎると風味が悪くなります。

ブルーゴールド

Bluegold

その実は風味がバツグンに良く、収穫後も日持ちするのが特徴です。花がたくさん咲き過ぎることがあるので花摘みを兼ねた剪定が必要になります。葉のふちが細かくギザギザ（のこぎり状）になっています。黄金色に紅葉することが品種名の由来とか。

ブルークロップ

Bluecrop

とても丈夫で育てやすいので初心者にぴったり！ 実の大きさは2cmほどで食感はやや堅め。まばらに実がつくから摘み取りもラクチンです。収穫後は冷蔵庫で1週間ほど保存OK。欧米ではブルーベリーといえばこの品種を指すほど、世界で最も多く栽培されています。

ブルーレイ

Blueray

“ビッグセブン”を代表する品種。早春に鮮やかな赤い蕾をつけるので見分けやすいという特徴があります。成熟すると大きな粒が押しあうようにぎっしりとなるので、収穫の喜びを満喫したい人におすすめ。やや酸っぱい風味と豊かな香りが楽しめます。

おおつぶ星

群馬県で開発された日本初のブルーベリー。ジューシーで濃厚な味わいを持つ、話題の最新品種です。暑さにも強く、夏場に気温が高くなるところでも栽培できます。糖度が低いので、室温でも１週間ほど保存OK！ 食べ応えのある2cmほどの大きな実が魅力です。

ルーベル

Rubel

ブルーベリーの元祖ともいえる歴史ある品種。小粒ながら味わいたっぷり、ほのかに香りも楽しめる実は、ケーキの材料などに向いてます。アメリカ・タフツ大学の調べにより、ルーベルは他のブルーベリー品種より抗酸化物質が多いことも確認されています。

あまつぶ星

おおつぶ星に続いて群馬県から1999年に発表された国産品種。暑さに強いので暖地でも育てられます。糖度が10～12度と高く、とても甘口でデザート感覚で味わえます。おおつぶ星と花の咲くタイミングが同じなので、一緒に栽培すると実つきがよくなります。

ラビットアイ

熟す前の実が“ウサギの目”のように赤く色づきます。アメリカ南部のジョージア州やフロリダ州の川沿いなどに自生していたものが原種。ハイブッシュ系に比べると果実は小ぶりですが、糖度の高い品種が豊富なうえ、たくさん実るので摘み取る楽しさをめいっぱい実感できます。収穫期は7～9月中旬。夏の乾燥にも耐えるので初心者向き。すぐれた性質の品種もあることから近年注目されています。

オースチン

Austin

ラビットアイ系で最も早く収穫できる早生品種。ボールのように丸い実は中～大粒で香りが高く、濃いブルーの果皮にはストライプ状のブルームが表れることもあります。葉や花の輪郭はシャープなイメージ。育種に努めたオースチン博士の名前が由来です。

ウッダード

Woodard

爽やかな酸味と甘さのバランスがとれた、みずみずしい食感のおいしい実が収穫できます。初期に完熟するものは2.5cmほどに生長するので、大きな実を楽しみたい人におすすめ。その品種名は、ラビットアイ系品種の研究者・ウッダード博士の名前に由来します。

初心者向き

オノ

Ono

オノとはニュージーランドの先住民・マオリ族の言語で“6”のこと。1995年にニュージーランドの研究所で6番目に発表されたことから名づけられました。実に星のような形が表れます。他のラビットアイ系品種に比べて葉っぱが黄色っぽいのも特徴です。

ティフブルー

Tifblue

ラビットアイ系で最も多く栽培されている代表品種。甘くておいしいうえに育てやすいのでビギナーにおすすめ！ 房なりにたっぷり実る中粒の果実にはブルームが多く表れ、香りも良し。ティフブルーの風味を思う存分に楽しむなら、生で食べるのが一番です。

初心者向き

デライト

Delite

大粒の実は風味良く甘さたっぷりで、色づいたらすぐ食べることができます。上品な香りもデライトならでは。たくさん収穫できるのも特徴です。針葉樹のように枝がまっすぐ上に伸びるから、狭いスペースで栽培OK。成熟する時期が他品種より遅い晩生種です。

パウダーブルー

Powderblue

初心者向き

甘くて風味バツグンな実が鈴なりに実ります。可憐でコンパクトな樹形は小さな庭やコンテナで育てたい人にぴったり。相性の良いティフブルーと一緒に植えると受粉が進んで収穫量もアップ！ アメリカでは最も安心して栽培できる品種の一つとされています。

バルドウィン

Baldwin

2cm前後の大きな実が6～7週間にわたって実り続けるので、収穫を長く楽しみたい人におすすめ！ すべてのブルーベリーの中で最も晩生で、9月に入っても実をつけます。甘くておいしい実は糖度14度ほど。皮がやわらかいので収穫する時はていねいに扱います。

フェスティバル

Festival

1960年代に日本へやって来たブルーベリー。果実は4gほどの中～大粒に育ち、ラビットアイ系でトップクラスの甘さと香りを誇ります。高温に強く、土質も選ばない丈夫な品種なので、コンテナ植えでもグングン育ちます。実つきがやや少ないのが残念なところ。

ブライトウェル

Brightwell

初心者向き

強い甘みと香りを持つ中粒の実がたわわに実ります。揃って熟すので一度にたくさん収穫する楽しみも味わえます。他品種との相性もバツグンで、数品種で受粉させる際には欠かせません。優美な流線形の花をつけるのも特徴のひとつ。葉色にも深みがあります。

ブルーベル

Bluebelle

中～大粒の実はブルームが多く、みずみずしさと豊かな酸味が口の中に広がります。香りも際立っているので生食向きですが、果皮がやわらかいので日持ちしません。若い実はハッとするほど鮮やかなピンク色で、まさしく“ラビットアイ”。一見の価値あり！

ボニータ

Bonita

1985年にフロリダで発表された品種。ラビットアイ系には珍しく果肉が硬く締まっています。実全体がしっかり色づいてから1週間ほどおいて完熟させると、甘さが増しておいしく食べられます。品種名の由来は、ボニータスプリングスというフロリダの都市名。

ホームベル

Homebell

とても丈夫で育てやすく、収穫量も多いのでビギナー向き。受粉のパートナー、接ぎ木の台木にも広く使われています。実は1cm前後と小さめですが非常に甘く、ブルーベリー本来の食味を満喫できます。色素が強いのでケーキやデザートの色づけにも重宝します。

初心者向き

メンディトゥー

Menditoo

1958年にノースカロライナで発表された改良品種。甘くて食べやすい大粒の実をつけるので、摘み取り園で人気があります。実が黒っぽく見えるのはブルームが少ないため。樹勢も強く丈夫でたくさん実ります。葉が幅広いという、見た目の特徴があります。

サザンハイブッシュ

ハイブッシュブルーベリーを冬でも暖かい地域で育てられるように改良したもの。収穫期は6～7月上旬ですが、九州南部では5月中旬から収穫できる品種もあります。早摘みしてもおいしい実をつけますが、南関東より西では遅霜に注意が必要。長雨に弱く、土質にもナーバスなので上級者向きのブルーベリーです。コンパクトな樹形も特徴です。

シャープブルー

Sharpblue

最もポピュラーなサザンハイブッシュ品種。南九州では冬でも葉が落ちず、青々と茂らせています。フロリダでは年2回収穫できるとか。ほど良い硬さに締まった果実は中～大粒で香りも優れています。

ジョージアジェム

Georgiagem

細く長い枝にコロッと丸くかわいい花をつけます。実は中粒で心地良く香り、果肉にほど良い硬さがあります。樹勢は強く、サザンハイブッシュ系の中では土質にも適応力がある方です。

フローダブルー

Flodablue

中～大粒の歯応えある実がいっぱい収穫できます。熟し過ぎると味が悪くなるので早摘みが理想的。横に枝を広げるタイプで樹高は1mちょっと。長雨に弱く、土質管理にも手間がかかります。

野趣あふれる
ブルーベリーの森

自然の散策路をハイキング気分で歩くこと10分。山の頂きに築かれた“ブルーベリーの森”が目の前に現われます。日本ブルーベリー協会副会長の江澤貞雄さんが営む「エザワフルーツランド」です。広さ1ヘクタールの園内に植えられているのは、ラビットアイ種を中心に30品種1500本ものブルーベリー。緑豊かな環境のなか、無農薬で育てられた野趣あふれる実を摘み取りながら食べられます。樹齢100年の大杉の下には丸太作りの休憩小屋もあり、森林浴を楽しみながら過ごせます。

エザワフルーツランド
千葉県木更津市真里谷3832
TEL 0438-53-5160
㊮ 7/20～9/20頃
¥ 大人1000円、小人500円

ベリー

さまざまなベリー

ベリーは繊細でみずみずしいがゆえに日持ちが短く、産地でしか味わえないものも少なくありません。だったら、自分で好みのベリーを育ててフレッシュなうちに楽しみませんか？ ラズベリーやストロベリーはもちろん、6月に実をつけるジューンベリー、スグリの仲間のグーズベリーやカラント、ジャムやソースにするとおいしいクランベリーなど、アナタを待っているベリーはいっぱい！

ラズベリー

フランスでは〝フランボワーズ〟と呼ばれる、バラ科キイチゴ属の落葉低木。とても丈夫で病害虫にも強く、チヤホヤしなくても次々と実をつけてくれます。果実に含まれる〝ラズベリーケトン〟という成分が脂肪を分解するとされている、ガールズ注目のベリーです！

Raspberry

科名：バラ科
属名：キイチゴ属
学名：Rubus spp.
和名：キイチゴ

品種の選び方

ラズベリーといえば真っ赤な色を思い浮かべますが、赤（レッドラズベリー）だけでなく、黄（イエローラズベリー）、紫や黒（ブラックラズベリー）とバラエティ豊か。生長後のフォルムにも直立性と半直立性があるので、庭の大きさや仕立てるイメージにあわせて楽しみましょう。収穫の喜びを満喫するなら、春と秋に実をつける二季なり性の品種（インディアンサマーなど）がおすすめ。花を楽しむ観賞向きの品種も出ています。

植えつけ方

苗木の植えつけは、葉が全て落ちて休眠に入る11～2月の間に行います。市販の培養土もしくは赤玉土6：腐葉土3：川砂1の配合土を用意。地植えもコンテナ植えも、日当りと水はけの良い環境で育てましょう。高温多湿に弱いので、夏の西日が当たらない場所がベストです。温暖な地域で育てる場合は、いざとなったら涼しい場所に移動できるコンテナ植えがおすすめ。葉や茎に細かいトゲがあるので、作業時はグローブを忘れずに。

良い実のつけ方

果実に雨があたると傷みやすいので、実が大きくなる6～7月は雨よけをしましょう。二季なり品種は9月に再び実をつけますが、初夏の収穫終わりに剪定で年一度の収穫に調整すると、翌年の結果枝（実がつく枝）が増え、収穫できる実が充実します。2～3月の春肥（化成肥料）、8～9月の礼肥（化成肥料）、11～12月には元肥（有機肥料）も忘れずに。乾燥に弱いので、土の表面が乾いたらたっぷり（夏場は毎朝）水やりしてください。

ラズベリーの年間作業カレンダー

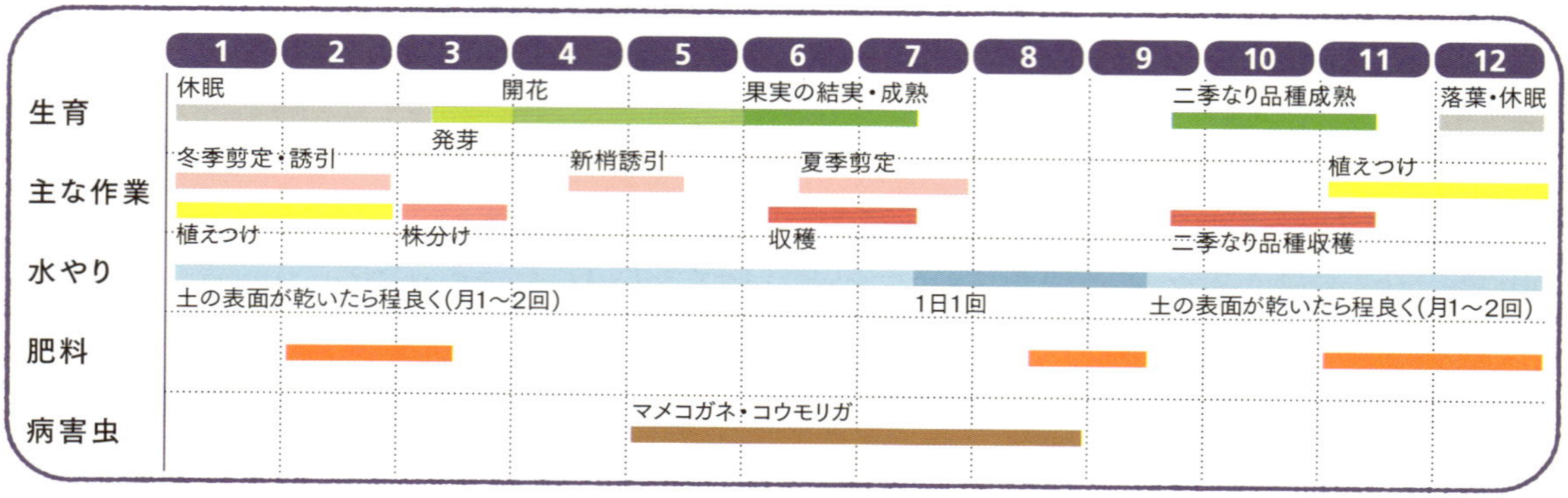

※このカレンダーは関東地区のものです

実の色が深くなってきたら食べ頃。まろやかな酸味と豊かな香りを楽しみましょう。そっとつまんで引っぱると実だけが取れます。熟しすぎると虫がついてしまうので注意！樹形は放っておいても自然にまとまるので手間がかかりません。コンテナ植えは枝を2～3本にしぼって“あんどん仕立て”にするとコンパクトに楽しめます。

ラズベリー

ブラックベリー

ヨーロッパでは〝夏のフルーツ〟として古くから親しまれているキイチゴの仲間。白や薄ピンク色の愛らしい花も魅力です。ブラックベリーはデリケートで日持ちしないため、お店で気軽にお目にかかれないベリーです。だからこそ自分で育てて味わう楽しさは格別！

Blackberry

科名：バラ科
属名：キイチゴ属
学名：Rubus spp.
(Rubas allegheniensis)
和名：クロミキイチゴ

品種の選び方

ブラックベリーは茎に大きなトゲがありますが、近年の品種改良によって、家庭で扱いやすい“トゲなし品種”も登場しています。樹形は直立性、半直立性、ほふく性（茎が地面に沿って伸びる）、つる性、と品種によってさまざまあるので、庭のレイアウトや好みにあわせて選びましょう。つる性のものは支柱を立てたコンテナで“あんどん仕立て”にすると、スペースも取らず、見た目もきれいにキープしやすいのでビギナー向けです。

植えつけ方

苗木は休眠期の11～2月に植えつけます。ブラックベリーは土質を選ばないので、市販の培養土（または赤玉土6：腐葉土3：川砂1の配合土）で大丈夫。コンテナ植えには直径24～30cmで深めの鉢を使い、乾燥防止にバークチップなどで土の表面をマルチングします。支柱も植えつけ時にセットしておきましょう。植えつけが済んだら、株元から少し離して有機肥料を施し、最後にたっぷり水を与えます。日当りと水はけに気をつけて管理を。

良い実のつけ方

激しい乾燥や多湿に気をつければ、過保護にしなくてもスクスク育ちます。実が大きくなる時期がちょうど梅雨に重なるため、雨よけ（または雨の当たらない場所に取り込む）をして実を守りましょう。実のなった枝は自然に弱っていくので、それらは冬になる前に剪定します。枝が増えると実つきが悪くなるので、地植えなら3～4本、コンテナ植えなら2～3本に整理して。風通しも良くなって灰色カビ病などの病害虫防止にもなります。

ブラックベリーの年間作業カレンダー

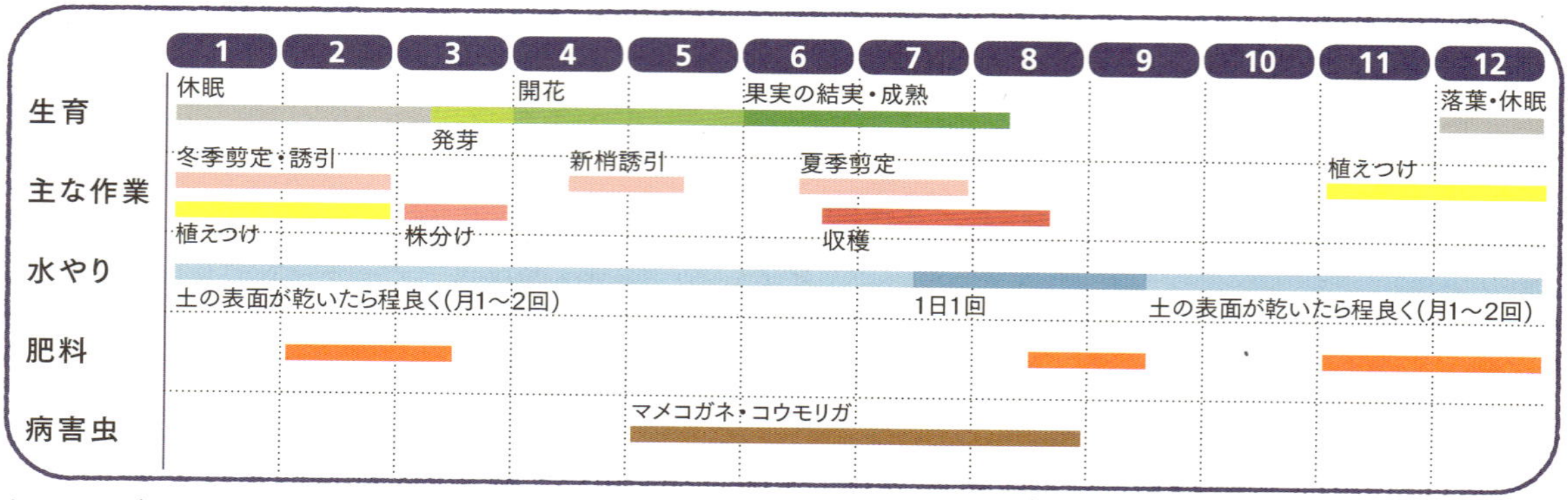

※このカレンダーは関東地区のものです

ブラックベリー

ブラックベリーにはアントシアニンやビタミンCがたっぷり！ 直径3ミリほどの小さな実がぎっしり集まって、一個の果実のようになっています。とても丈夫なので初めてベリーを栽培する人にもおすすめです。日持ちしないので熟したらすぐに摘み取って。ジャムなどにする時は、まとまった量になるまで冷凍保存していきましょう。

ジューンベリー

春には可憐な白い花、夏には甘くておいしい実、秋には紅葉、と四季折々で魅力をふりまくガーデンツリー。ネイティブアメリカンは、この小さな赤い実を古くから食用していたといいます。6月（June）に収穫できるベリーだから〝ジューンベリー〟です。

Juneberry

科名：バラ科
属名：ザイフリボク属
学名：Amelanchier spp.
別名：アメリカザイフリボク

品種の選び方

ジューンベリーの苗木は1～2月の休眠期に、葉のない状態でガーデンセンターなどに出回ります。“アメリカザイフリボク”という名前で庭木としても流通しています。根っこがしっかり張っていて、幹が太く、葉芽が狭い間隔でたくさんついているものを選んで。樹高10mくらいまで生長するものもあるので、収穫を楽しむことを考えて、できるだけ大きくならない品種（リージェント、スモーキーなど）をガーデンセンターのスタッフなどに教えてもらいましょう。

植えつけ方

1～2月の休眠期に、保水性が高くて水はけも良いところに地植えします。大きくならない品種を入手できたら、大きめのコンテナでも育てられます。土質は選ばないので市販の培養土（または赤玉土6：腐葉土4）で十分。地植え、コンテナ植えともに浅く植えつけるのがポイント。地植えの場合は、他の庭木から2m以上離してレイアウトしましょう。植えつけ終わったら、たっぷりと水やりを。素敵なシンボルツリーになること間違いなし！

良い実のつけ方

新しく伸びた枝の先に花芽がつくので、実をつけたいところは剪定しないで残します。ジューンベリーは自家受粉しますが、花に雨が当たると受粉しにくくなるようです。筆などで人工授粉して収穫を充実させましょう。激しく乾燥すると実つきが悪くなるので、夏に猛暑が続く時はたっぷりと水やりすることはもちろん、株元を腐葉土などでマルチングして。病害虫には強いですが、果実をねらって野鳥がやってきますので“鳥よけ”も必要です。

ジューンベリーの年間作業カレンダー

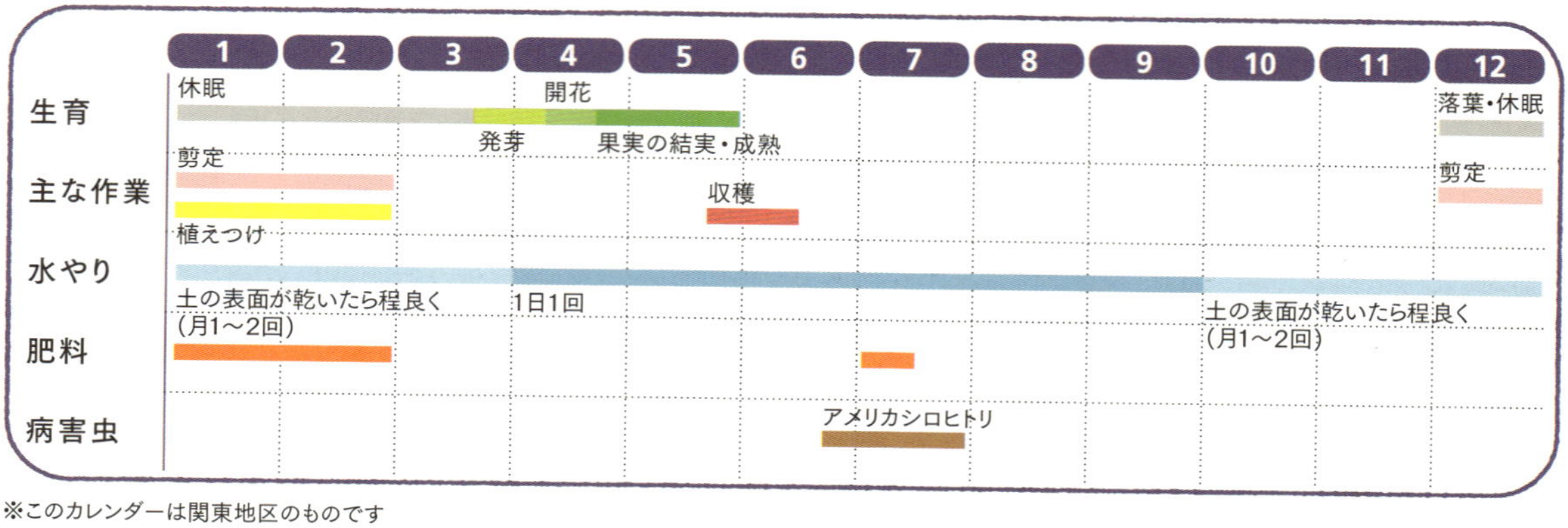

※このカレンダーは関東地区のものです

ジューンベリー

果実は一房に10粒くらい実り、5月下旬～6月上旬に赤く染まります。なかには薄くブルームが表れる品種も。全体が赤紫色になったら完熟のサイン。早摘みすると風味が良くないのでご注意を。日持ちしないため、摘んだらフレッシュなうちに味わいます。ジャムにするなら、裏ごしをして種を取り除くとおいしくでき上がります。

グーズベリー

ほんのり透き通ってアメ玉みたいにチャーミングな実。ヨーロッパでは料理のソースやゼリーなどに使われている、とてもポピュラーなベリーで、日本では〝スグリ〟と呼ばれています。めったにお店で買えない珍しいベリーを育てて、ツウを気取りましょ！

Gooseberry

科名：ユキノシタ科
属名：スグリ属
学名：Ribes spp.
和名：スグリ

品種の選び方

暑さが苦手な“オオスグリ”と、病気に強い“アメリカスグリ”があり、どちらも寒さにとても強く、マイナス35度の環境にも耐えられます。オオスグリ（ドイツ大玉、赤味大玉など）は病害虫に弱いので、虫が発生しにくい寒冷地向き。アメリカスグリ（ピクスウェル、ホートン、グレンデールなど）は、関東以西の暖かい地域で育てるのに適しています。苗を購入する時は品種名をきちんと確認し、枝が太くて葉の大きいものを選んで。

植えつけ方

生長しても1～1.5m程度と非常にコンパクトなので、コンテナ植えにもぴったり！ 暖地で育てる場合は、夏場に涼しい場所へと移動できるコンテナ植えをおすすめします。植えつけは11～12月に行なうのがベスト。水はけの良い土壌であれば、特に土質を選びません。赤玉小粒6：腐葉土3：川砂1で整えても構いません。ちなみに、グーズベリーには鋭いトゲがあるので注意して！ 丈夫な革手袋などをはめて作業しましょう。

良い実のつけ方

夏の厳しい暑さと乾燥を乗り切ることが最大のポイント。乾燥で葉が枯れると実つきが悪くなってしまいます。地植えもコンテナ植えも、夏は朝夕2回たっぷりの水やりを欠かさずに。株元は腐葉土などでマルチングして乾燥を防ぎましょう。6～7月の梅雨時に収穫期を迎えるので、長雨や高温多湿で実が傷んでいないかチェックを。実をつけた枝は2～3年で切りつめて新しい枝に更新すると、実が充実します。

グーズベリーの年間作業カレンダー

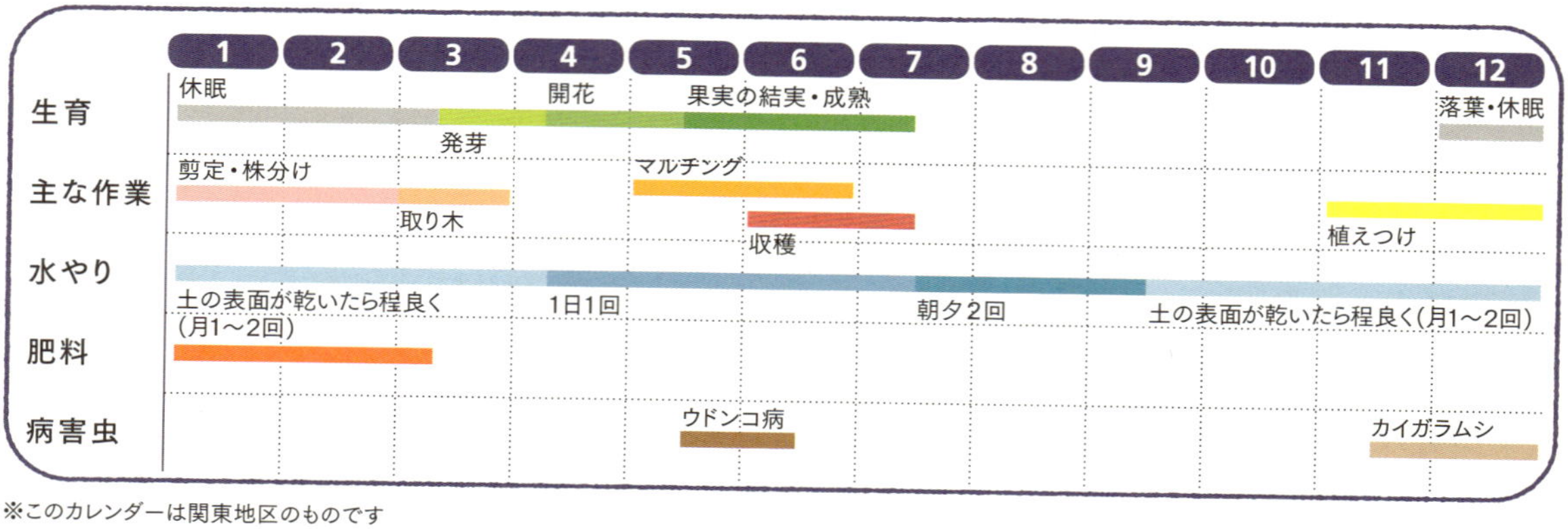

※このカレンダーは関東地区のものです

グーズベリー

ビーチボールのようなストライプ模様がキュート！ 食べ頃になるとおいしそうな香りが漂い始めるので、赤く色づいた実から摘んでいきます。生で食べるならしっかり完熟したものを。ジャムやソースに加工するなら、グリーンの果実もブレンドして酸味を生かしてみるのも◎。完熟しても赤くならない品種もあります

カラント

グーズベリーと同じ、ユキノシタ科スグリ属の落葉低木。房状に実をつけることから〝フサスグリ〟とも呼ばれます。太陽の光でキラキラ輝くレッドカラントは、まるでジュエリー！ アントシアニンたっぷりのブラックカラントは〝カシス〟の名で知られています。

Currant

科名：ユキノシタ科
属名：スグリ属
学名：Ribes spp.
和名：フサスグリ

品種の選び方

真っ赤な実をつけるレッドカラント（アカフサスグリ）、黒くて酸っぱい実のブラックカラント（クロフサスグリ）、白～ピンクがかった実のなるホワイトカラントがあります。ヨーロッパの家庭ではごく普通に育てられていますが、日本ではあまり見かけないベリーです。園芸店に出回るのはレッドカラントです。苗を入手する時は、大きな葉がよく茂った、枝の太いものを選びましょう。暑さに弱いので関東以北での栽培に適しています。

植えつけ方

涼しい気候が大好きなので、風通しの良い明るい日陰に植えつけます。コンテナ植えにする時は、赤玉土6：腐葉土3：川砂1で水はけの良い状態にしてください。ブラックカラントは弱酸性の土を好むようですが、あまり神経質にならなくても大丈夫。地植えもコンテナ植えも、浅めに植えつけましょう。植えつけた後は、必ず株元に腐葉土やバークチップなどを敷いてマルチングを。10～12月が植えつけ作業に適しています。

良い実のつけ方

基本的に丈夫なベリーですが、夏の乾燥と暑さには要注意。水やりを怠らず、特に収穫期は常に土が湿っているように保ちます。日当りが良過ぎる場合は日よけを用意して。実をつけた枝は3～4年で体力が落ちてくるため、休眠期に剪定しましょう。剪定で枝数をセーブすると株全体に養分が回り、次の収穫を充実させることができます。コンテナ植えは、植え替え時に根を3分の1ほどカットすると、次のシーズンに上質な実がなります。

カラントの年間作業カレンダー

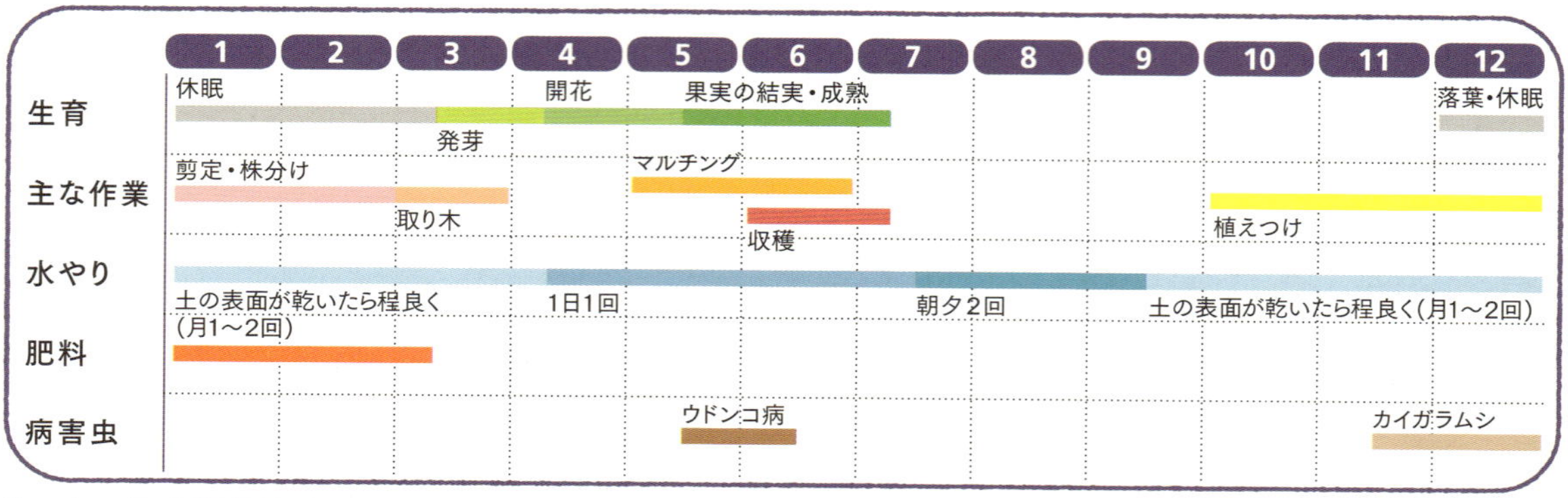

※このカレンダーは関東地区のものです

いずれも実の色が濃くなってきたら食べ頃ですが、ジャムなどに加工するなら早めに収穫を。ジュースにする時は完熟まで待ちましょう。レッドカラントはブドウのように房ごとカットして。ブラックカラントは完熟した実を一粒ずつ摘み取りましょう。暖かい地域ではウドンコ病や斑点病、ナミハダニが発生しやすいのでご注意を。

カラント

マルベリー

最も肥料を必要としない果樹といわれるほど、どんな土地でも育てられるマルベリー。日本では昔から〝クワ〟として親しまれてきました。存在感たっぷりの実にはアントシアニンやミネラルが豊富！ 16世紀のヨーロッパでは薬として使われていたそうです。

Mulberry

科名：クワ科
属名：クワ属
学名：Morus
和名：クワ

品種の選び方

日本の気候に適しているので育てやすいベリーです。その昔、葉をカイコのえさにしていたのは、ホワイトマルベリーという白い実のなる種類。現在、ガーデンセンターなどに出回っているのはブラックマルベリーと呼ばれているもので、甘くて香りも良い実が楽しめます。ブラックマルベリーの優良品種“ポップベリー”は、植えつけた翌年には大きな実が収穫できるので初心者におすすめ。大きくなるのでシンボルツリーにも向いています。

植えつけ方

3月頃、日当りの良いところに植えつけます。ポット苗の根っこが底まで回っている時は3分の1くらいカットし、新しい根っこが出てきやすいようにしましょう。コンテナ植えにする場合は、苗のふた回りくらい大きな鉢を選んで。どんな土でも元気に育つため、市販の培養土で問題ありません。地植えもコンテナ植えも、深めに植えつけます。放っておくと10mくらいまで 生長するので、大きくしたくない場合はこまめに剪定しましょう。

良い実のつけ方

前年の7～8月についた花芽が春に咲き、6月に実をつけます。花芽が多過ぎると実が充実しないので、冬の間に花芽のついた枝を間引きましょう。実をつけた枝も収穫した年の冬に整理します。実がつき過ぎた時は、若い実のうちに一カ所2～3つになるように摘み取って。実が成熟する時期に根っこが水切れを起こすと、未成熟のまま落ちてしまうので要注意。腐葉土やバークチップなどで株元をマルチングして乾燥を防ぎましょう。

マルベリーの年間作業カレンダー

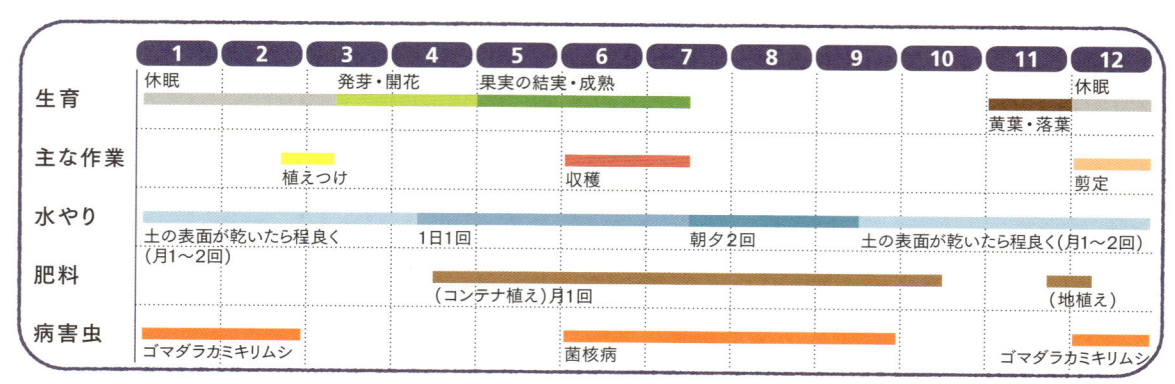

	1	2	3	4	5	6	7	8	9	10	11	12
生育	休眠		発芽・開花		果実の結実・成熟						黄葉・落葉	休眠
主な作業			植えつけ			収穫						剪定
水やり	土の表面が乾いたら程良く（月1～2回）			1日1回			朝夕2回		土の表面が乾いたら程良く（月1～2回）			
肥料				（コンテナ植え）月1回							（地植え）	
病害虫	ゴマダラカミキリムシ					菌核病						ゴマダラカミキリムシ

※このカレンダーは関東地区のものです

マルベリー

6～7月に次々と収穫できるマルベリーの実。ブラックマルベリーは赤から黒へ変化しながら成熟します。完熟した実は軽くさわっただけでポロリと取れます。その果実酒は低血圧改善に効果があるとか。ほとんど市販されない生のマルベリーを思う存分に味わって！

クランベリー

アメリカやカナダの感謝祭では、七面鳥料理に欠かせないソースとしてクランベリーが使われます。日本にも〝ツルコケモモ〟として自生。その名の由来は、ツル（crane）が好んで食べるベリーだからという説もあれば、花の形がツルの頭に似ているからという説も。

Cranberry

科名：ツツジ科
属名：スノキ属
学名：Vaccinium macrocarpon
和名：ツルコケモモ

品種の選び方

園芸店では“ツルコケモモ”または“オオミノツルコケモモ”としてポット苗が売られています。乾燥に弱いので、根っこが乾いていないものを選びましょう。“パープルクランベリー（オオミムラサキコケモモ）”という品種も出回っていますが、クランベリーの仲間ではありません。冬でも葉が枯れないのでガーデニング素材としても人気です。地面を這うように生長するため、グラウンドカバーや花壇の下草にも向いています。

植えつけ方

酸性の土を好むので、植えつける場所にピートモスをたっぷり混ぜます。茎が地面を這うように伸びるので、込みあったら剪定して風通しを良くします。コンテナ植えは、ピートモスや腐葉土を多めにブレンドして保水性を高めてください。ハンギングで枝を垂らして楽しむこともできます。コンテナ植えの場合は、2～3年に1回ペースで植え替えを。地植えではランナーを伸ばして次々増えるので、12月頃に新芽を掘りあげましょう。

良い実のつけ方

クランベリーは湿った場所が大好きなので、こまめな水やりが必要です。コンテナ植えにしたものは、夏は涼しいところに移動するとコンディションを保てます。株元にピートモスや腐葉土をまいて、水の蒸発を防ぐのも忘れずに。放っておいても自家受粉しますが、5月に花が咲いたら筆などでさわっておくと実つきがアップ！ 肥料はあまり必要としないので、植えつけ時に元肥として少量の有機肥料（油かすなど）を施す程度で大丈夫。

クランベリーの年間作業カレンダー

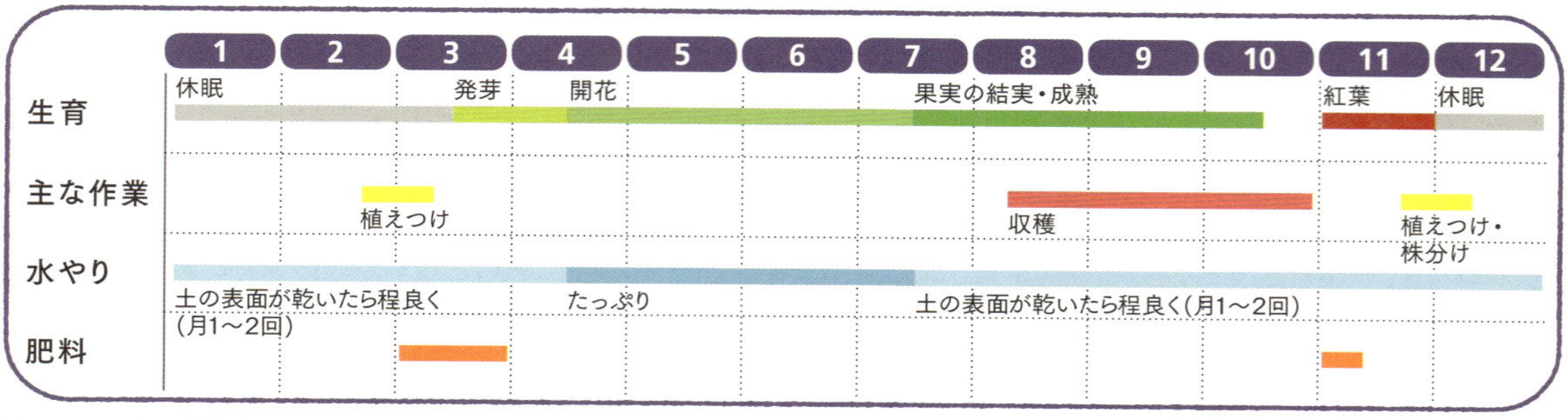

※このカレンダーは関東地区のものです

クランベリー

真っ赤に熟したものから摘み、まとまった量が収穫できるまで冷蔵庫で保存しましょう。冷凍すれば1年ほど保存できます。クランベリーの実は生のままでは酸っぱ過ぎるので、ジャムやジュース、果実酒にして。寄せ植えアレンジを楽しむなら、同じく酸性土を好むブルーベリーがベスト！ 冬は葉っぱが赤く色づきます。

ストロベリー

みんなをハッピーにする甘酸っぱい香りと鮮やかな赤は、これぞベリーの王様！ 日本には江戸時代にオランダから伝わったので"オランダイチゴ"という和名もあります。小さな株に次々とおいしい実をつけるから、一人暮らしのベランダでだって育てられます。

品種の選び方

ストロベリーの苗は春と秋に出回りますが、栽培ビギナーは夏越しの心配がいらない秋苗から始めてみましょう。虫食いの穴などがなく、しっかりした本葉が数枚ついているもの、芽と茎が太いものが良い苗です。家庭栽培向きの品種は、生育が早くたくさん収穫できる“女峰（にょほう）”、丈夫な株に大きく甘い実をつける“ダナー”など。より大きな実を収穫したいなら、高級イチゴを代表する“アイベリー”がおすすめ。

植えつけ方

秋植えは10月中に作業しましょう。幅60cm×深さ20cmくらいのプランターに、園芸店で入手した苗が3つ植えられます。土は市販の野菜用培養土を使うと失敗もなくてラクチン。ポットから外しても根鉢は崩さず、ランナー（地面を這うように伸びる枝）の向きをそろえて20cm間隔で植えつけましょう。クラウンと呼ばれる茎が隠れない程度の浅植えにします。植えつけ後は、根と土がなじむように水やりをたっぷりと。

良い実のつけ方

コンテナで育てたストロベリーにたくさん実をつけさせるには、一株あたりの土量を守ることが肝心。欲張ってたくさん苗を植えつけ過ぎると、株が充分に育ちません。株と株の間は20cm以上離して植えましょう。なお、ストロベリーは受粉を手助けしないと果実が大きくなりません。ミツバチなどが少ない場合は、筆で花の雌しべと雄しべをていねいに触れてください。晴れた日の朝方、咲いている花を見つけて行いましょう。

Strawberry

科名：バラ科
属名：オランダイチゴ属
学名：*Fragaria ananassa*
和名：イチゴ

ストロベリーの年間作業カレンダー

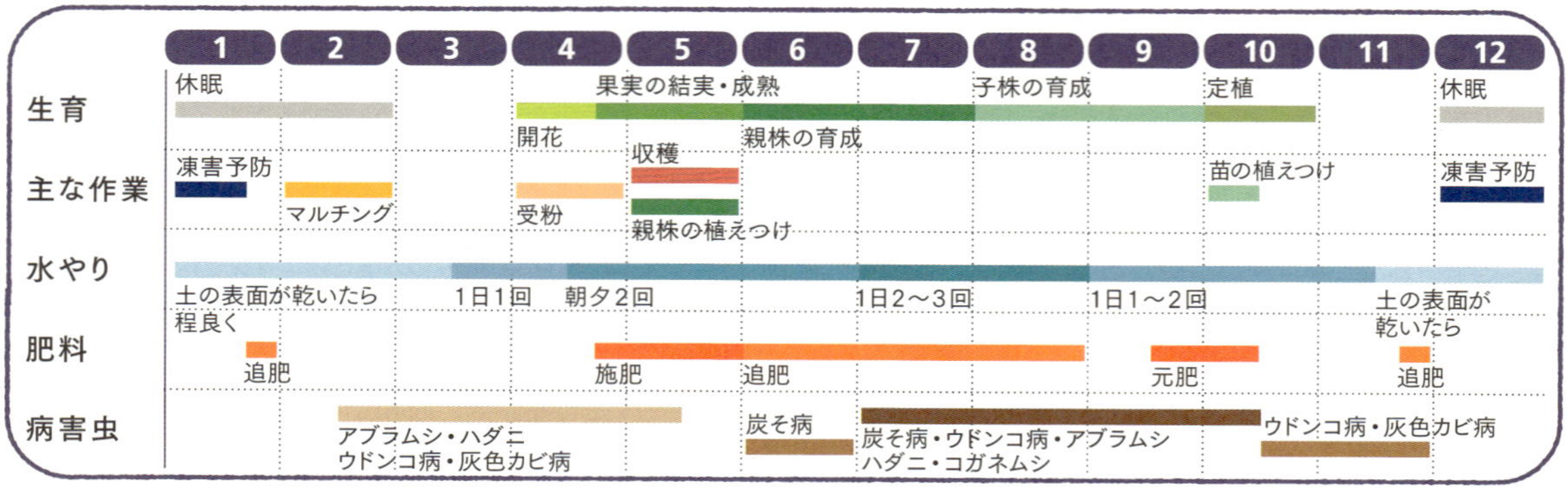

※このカレンダーは関東地区のものです

ストロベリー

へたの近くまで真っ赤に色づいたら摘み頃サインです。デリケートな実が傷まないよう、気温の低い朝方に収穫しましょう。寒さの厳しい2月には、株元にわらを敷きつめて保温と乾燥防止を。わら（straw）を敷いて育てるベリーだから、ストロベリーという名がついたという説もあります。病害虫にも見舞われやすいので注意を。

ワイルドストロベリー

食用イチゴの品種改良が始まる前から、ヨーロッパに自生していた多年草。春と秋に白く可憐な花が咲き、小ぶりながら香り高い実をどんどん実らせます。寒さにも暑さにも強いのでガーデニング初心者にもおすすめです。ハーブとの寄せ植えも相性バツグンです！

品種の選び方

ワイルドストロベリーの苗が出回るのは3月頃。寒さをしっかり与えて育てられたものがベストです。園芸店で探す際は、葉っぱと茎がヒョロヒョロせず、クラウン（茎のつけ根の中心部）が太いものをチェックしてください。ランナーが出ないように改良された“レッドワンダー”などは、株が増えすぎないのでベランダ菜園にぴったり。黄色い実がなる“アルペンイエロー”、葉っぱが金色の“ゴールデンアレキサンドリア”など種類も豊富です。

植えつけ方

太陽の光が大好きなので、植えつけ場所は日なたを選びます。ただし夏場の直射日光は禁物！ 必要な時は涼しいところへ移動するか、シェードを作ってください。水はけの良い土（市販の培養土）に、クラウンが隠れない程度に浅く植えましょう。ワイルドストロベリーはタネからの栽培も簡単！ 水の中で実をつぶしてタネを取り出したら、清潔な用土の上にばら蒔きます（光が必要なので土はかぶせません）。春に蒔けば秋には実を楽しむことができます。

良い実のつけ方

ワイルドストロベリーは暑さ寒さに強いので、細かく管理しなくても元気に育ちます。夏場以外は土の表面が乾いたら水やりする程度で問題ありません。病害虫にも強いので、ぜひ無農薬で育ててみましょう。枯れた下草をこまめに取って、株元を風通し良くすることで病気も防ぐことができます。肥料が大好きなので、月一度は固形肥料、7～10日に一度は液体肥料を与えて。実がなっている時は、いつもより多めに施してください。

Wildstrawberry

科名：バラ科
属名：フラゴリア属
学名：Fragaria vesca
和名：エゾヘビイチゴ

ワイルドストロベリーの年間作業カレンダー

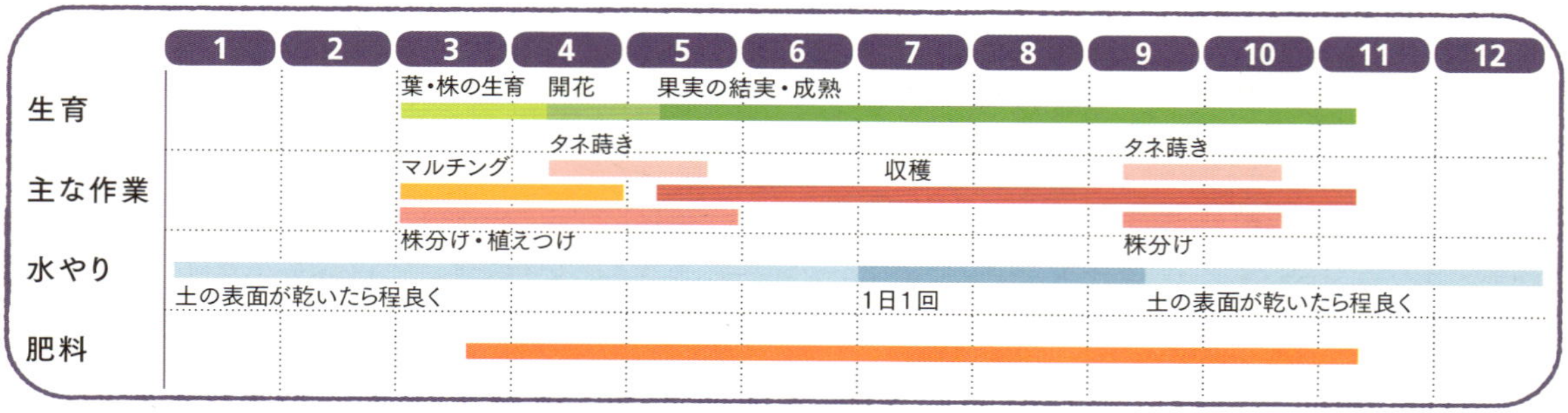

※このカレンダーは関東地区のものです

全体が色濃くなって、つやつやしてきた実から収穫できます。黄色い実のなる品種は収穫のタイミングを計るのが難しいですが、実の表面についているタネの色がグリーンから褐色になったら食べ頃です。ガーデニング素材としても人気のワイルドストロベリーは、グラウンドカバーや寄せ植えアレンジのアクセントにも最適です。

ワイルドストロベリー

都心から60分の
ベリーなスポット

ウッディなログハウスが目印の「ベリーコテージ」。約30種のブルーベリーをはじめ、ラズベリー、ブラックベリー、ジューンベリー、グーズベリー、シーベリーなど、さまざまなベリーが楽しめるガーデンです。有機肥料で育てた安全でおいしいベリーが畑で摘み取れるほか、カフェではオーナーの関塚直子さんが手作りする“ベリー尽くし”のスイーツが味わえます。ブルーベリーの本場・アメリカの育種研究家も「よく管理された素晴らしいガーデン」と賞賛するベリースポットです。

ベリーコテージ

東京都青梅市新町2-11-5
TEL 0428-31-3810
㊔ 6月中旬～11月下旬
¥ 大人500円、小人300円
http://homepage1.nifty.com/cottage

ベリー

収穫後の楽しみ

ベリーガーデンは春から夏が実りのシーズン。食べ頃を迎えてあざやかに色づいたベリーを、やさしく、ていねいに収穫しましょう。アントシアニン、ビタミン、アミノ酸など、カラダにうれしい要素がたっぷりのベリー。摘みたてフレッシュをそのまま頬ばるも良し、自家製ジャムやビネガーにして長く楽しむも良し。あなたの愛情をたっぷり受けて育ったベリーはおいしいこと間違いなし！

そのまま味わう

スーパーマーケットで買ったものでは味わえない、フレッシュな食感と風味。自分で育てれば、摘みたてベリーのおいしさを贅沢に楽しめます。ギュッとしぼってジュースにしたり、ケーキやサラダのトッピングにしたり。ベリーの恵みをまるごといただきましょう！

ベリーの
ホワイトサングリア

〈材料〉

好みのベリー……150g
白ワイン……500cc
スパークリングウォーター……250cc
蜂蜜……大さじ5
レモン汁……大さじ2

1 摘みたてのベリーを水洗いしてピッチャーに入れます。

2 1に白ワイン、スパークリングウォーター、蜂蜜を注いで軽くかきまぜます。

3 5分ほどおいたらレモン汁を加えて完成。

収穫後の楽しみ

初夏のさわやかなムードあふれる特製サングリアはいかが？ ガーデンで採れたブルーベリー、ラズベリー、グーズベリー、レッドカラントをたっぷり使っています。良く晴れた休日の午後、テラスでまったり味わいたいカクテルです。

ジャムで味わう

新鮮なベリーがたっぷり採れたら自家製ジャム作りにチャレンジ！　少しずつしか収穫できない時は熟したものから摘み取って、冷凍しながら必要な量を貯めていきましょう。ベリーの風味を活かしたいなら砂糖は少なめに、長く楽しみたいときは砂糖を多めに。ギフトにしたらきっと喜ばれます。

ベリージャムの作り方

1 保存ビンを深鍋に入れて水を注ぎ、中火にかけて煮沸します。

2 煮沸したビンとふたを清潔なふきんの上で自然乾燥させます。

3 ほうろう鍋（またはステンレス鍋）に、ベリー800g、砂糖400g、レモン汁大さじ2を入れて、軽く混ぜあわせます。※金属鍋はNG

4 10分ほどおいた3を中火にかけ、煮立ったら弱火にして時々かき混ぜます。

5 とろみがつくまで30分ほど煮詰めます。

6 温かいうちに2に5を詰め、軽くふたをします。（口いっぱいに詰めると吹きこぼれるので注意）

7 蒸気のあがった蒸し器に6を入れ、20分ほど蒸します。

8 蒸し上がったら、ふたをしっかり閉めます。熱いので軍手やふきんを使いましょう。

9 完全に冷めたら年月日を記入して完成。すぐに使わない時は冷暗所で保存しましょう。

収穫後の楽しみ

紅茶とスコーンに、世界で一つだけのジャムを添えて。そのほか、ベーグルにブルーベリージャム、フレンチトーストにグーズベリージャム、と楽しみ方はいっぱい！ オーガニックで育てれば、よりヘルシーに味わえます。

ビネガーで味わう

ベリーをリンゴ酢に漬けて〝ベリービネガー〟を作りましょう。ミネラルウォーターやソーダで割れば、ビネガーの血液サラサラ効果＆ベリーのアントシアニンたっぷりな健康ドリンクに。流行のビネガースイーツ作りやサラダドレッシングにも最適です！

ベリービネガーの作り方

1. 保存ビンを深鍋に入れて水を注ぎ、中火にかけて煮沸します。
2. 煮沸したビンとふたを清潔なふきんの上で自然乾燥させます。
3. 2にベリー250g、氷砂糖250g、リンゴ酢300ccを注ぎます。
4. しっかりふたを閉めて、床下などの冷暗所に保管します。
5. 氷砂糖が均等に溶けるように、時々ビンを静かに揺らします。
6. 1週間たったら出来上がり。ベリーの果肉は取り出しましょう。

ベリービネガーは、料理に使えば独特の酸味とあざやかな色がアクセントに。老廃物デトックス、冷え性にも良いといわれるビネガーが、おいしくたっぷり取れます。左から、レッドカラント、ラズベリー、ブラックベリー、グーズベリー、ブルーベリーのビネガー。

収穫後の楽しみ

ベリーを食べれば
ベリーヘルシー！

ブルーベリーが青紫色なのは、青い色素を持つ“アントシアニン”という成分が、果皮にたくさん含まれているから。瞳を健やかにするといわれる“アントシアニン”は、抗酸化作用を持つフラボノイドの一種です。皮のまま食べることができるブルーベリーは、アントシアニンを効率よく摂取できる食品として注目されています。代替療法が発達しているヨーロッパでは、ブルーベリーのエキス製剤が医薬品として認可されているほど。また、最近ではラズベリーの香りに含まれる“ラズベリーケトン”という成分に、脂肪分解を促す“カプサイシン”と同じ効果があるのでは？ と研究が進んでいるようです。ハーブの世界では、ラズベリーは女性ホルモンに働きかける植物とされています。おいしく食べてカラダも健やかに保てたら、女性にとって願ったりかなったり！ ベリーを食べてヘルシーライフを満喫しましょう。

ベリー

ベリーと出会う

ジューンベリーの花を実際に見てみたい！グーズベリーはどんな味？ ベリーのことをもっと追求したくなったら、摘み取り農園へ足を運んでみませんか？ 自然豊かなベリーの森で、お気に入りのベリーにきっと出会えるはずです。さっそくベリーを育ててみたいなら、ネットショップで苗木を探すこともできます。小さな果実に秘められた大きな魅力に、めいっぱいハマってしまいましょう！

ベリーが摘める全国のガーデン

風土に恵まれた日本には、北から南まで全国各地にベリーを摘めるガーデンがあります。スーパーマーケットではめったにお目にかかれない、国産ベリーが味わえます。収穫する喜びを体感しながらベリーの世界を楽しみましょう。

アリス・ファーム（北海道）

作家の藤門弘さんが主宰する“集落”にある広大な畑では、約6500株のブルーベリーを完全無農薬で栽培。自然公園さながらの敷地で、北海道原産のハスカップ、ブラックカラント、レッドカラント、ラズベリーなども育てています。入場料でブルーベリー食べ放題、持ち帰りは100g／200円。自家製ジャムも販売。

北海道余市郡赤井川村日の出
TEL 0135-34-7000
営7月末～8月末
¥ 大人800円、小人500円、幼児無料
http://www.arisfarm.com

藤沢ラズベリーファーム（岩手）

農薬をまったく使わない循環型農業の畑で、ラズベリーをはじめ、ブルーベリー、ブラックベリーを生産。7月初旬～11月頃には有機栽培で育てたブルーベリーの摘み取り体験も実施しています。入場料で30分食べ放題、大人は100gのお土産つき。ジャムやフェルトアクセサリー作りも人気（7日前までに要予約）。

岩手県東磐井郡藤沢町黄海字上曲田331
TEL 0191-63-5136
営土日祝の10:00～16:00
¥ 大人600円、小人400円（5～12歳）
http://www5e.biglobe.ne.jp/~razberry

やさとブルーベリーファーム（茨城）

筑波山系の豊かな自然に囲まれた2つのファームで、約800本のブルーベリーを育てています。休憩もできるカフェスペースでは、ファームのブルーベリーを使った手作りケーキやジュース、ジェラートもあり。入場料でブルーベリーの摘み取り（100g/200円）が30分楽しめます。※食べ放題は実施していません。

茨城県石岡市中戸103-3
TEL 0299-44-3088
営6月中旬～8月下旬
¥ 大人500円、小人400円
http://www.yasatoblueberryfarm.com

ブルーベリーフィールズ紀伊國屋治兵衛（滋賀）

琵琶湖を一望できる2000坪に植えられた650本のブルーベリーが、毎年1tもの実をつける農園。ブルーベリーはもちろん、100種近くのハーブも無農薬栽培で育てています。併設レストランでは、カラダにやさしいメニューも提供（要予約）。入場料で300gまで持ち帰れます。※食べ放題は実施していません。

滋賀県大津市伊香立上龍華673
TEL 077-598-2623
営8/1～31 ※要予約
¥ 予約1050円、当日枠1365円
http://www.bbfkinokuniya.com
※摘み取りの予約は7/1の9:00～、摘み取り＆コース料理の予約は6/1の9:00～（いずれも電話予約のみ）

やまなみ牧場 ブルーベリー園（大分）

阿蘇九重国立公園内にある「やまなみ牧場」のブルーベリー園。大分・九重町は植えつけ面積西日本一のブルーベリー産地として知られています。2ヘクタールの敷地に植栽された、40種以上4000本のブルーベリーは、全て無農薬栽培で育てられています。入場料で30分食べ放題、持ち帰りは100g/200円。

大分県玖珠郡九重町大字田野1681-14
TEL 0973-73-0080
営7月中旬～8月下旬
¥ 500円
http://www.yamanami-farm.jp

※記載した営業日はベリーの摘み取り期間です

ベリーの苗木取扱いネットショップ

ベリーの苗木はお近くのホームセンターおよび大型園芸店で簡単に入手できます。変わった品種やカラント類など、お店で見つけられなかったらネットを活用してみて！ 周辺グッズも一緒に揃えられるショップもあります。

イケダグリーンセンター

野菜苗や果樹苗の充実度が高い総合園芸サイト。ブルーベリーをはじめ、ジューンベリー、グーズベリー、レッドカラント、ブラックカラント、シーベリーなど、ベリーも豊富にラインナップしています。

http://www.ikeda-green.com

大関ナーセリー

ブルーベリーの品種・特性を正しく紹介し、健全な苗木を提供することがモットー。ブルーベリー、クランベリー、ブラックベリーの品種カタログをダウンロードして、じっくり選ぶことができます。

http://www.ozekinursery.com

改良園

植木の町・埼玉県川口市の安行エリアで70年の歴史を持つ園芸店。ブラックカラント(カシス)やジューンベリーなど、ベリーの品揃えに定評あり。年2回発行のカタログでもベリー最新品種を紹介。

http://www.kairyoen.co.jp

サカタのタネ

自社育成した花・野菜品種、厳選した果樹の優良品種を取り扱うネットショップ。ベリーはカラント類、クランベリーなども用意。ハニーベリー、ビルベリーといった珍しいベリーも入手できます。

http://sakata-netshop.com/shop

タキイ種苗

創業170年以上の種苗メーカーが運営する総合サイト。育てやすい野菜・花・果樹などが豊富に揃っています。ベリー類はワイルドブルーベリーやラズベリーなど品種も充実。携帯からも購入OK！

http://shop.takii.jp

オリーブ and ベリー ファンブック

定価(本体1,600円＋税)
平成21年3月20日　初版発行

発行人　白澤照司
発行所　株式会社 草土出版
〒161-0033 東京都新宿区下落合4-21-19 目白LKビル
TEL03-5996-6601 FAX03-5996-6606
発売元　株式会社 星雲社
〒112-0012 東京都文京区大塚3-21-10
TEL03-3947-1021 FAX03-3947-1617

撮影　深澤慎平、白澤照司(草土出版)
取材・文・編集　野中かおり
装丁・デザイン　望月昭秀(NILSON)✣戸田寛(NILSON)
イラスト　五嶋直美
編集アシスタント　山口千尋(草土出版)

印刷　凸版印刷 株式会社

ISBN978-4-434-12847-9　¥1,600E

オリーブ監修　小暮 剛(こぐれ つよし)
明治学院大学卒業後、辻調理師専門学校を経て渡仏し、リヨンを中心に幅広くフランス料理を学ぶ。帰国後、東京・青山の「キハチ」「セラン」などで修業を重ね、30歳で独立。料理研究家、出張料理人として活躍しながら、全国各地で食育の大切さも訴えている。2005年、イタリアより「オリーブオイルソムリエ」の名誉称号を日本人初として授与される。
http://www.kogure-t.jp

ベリー監修　関塚 直子(せきづか なおこ)
幼い頃より植物と親しむ環境で育つ。東京農工大学出身の知人から苗木をゆずり受け、ブルーベリーを植えたことをきっかけに、愛らしいベリーに魅了される。東京・青梅で運営するフルーツファーム「ベリーコテージ」は、“きれい、かわいい、快い”の3Kが揃った観光農園として各界から注目されている。日本ブルーベリー協会理事。
http://homepage1.nifty.com/cottage

協力
小豆島オリーブ公園
柴田農園
玉木水象堂
blue water flowers
岡崎弘樹(香川県坂出市オリーブ研究会)
ブルーアリア
東洋オリーブ
コグレ クッキング スタジオ
小豆島オリーブナビ
香川県農業試験場小豆分場
畑口農園
ベリーコテージ
エザワフルーツランド
サンタベリーガーデン
福田俊
渡辺順司
坂本種苗
SJP
斉藤いちご園

参考文献

「まるごとわかるオリーブの本」主婦の友社
「育てて楽しむ はじめてのオリーブ」主婦の友インフォス情報社
「小豆島オリーブ検定 公式テキスト」香川県小豆島町
「わが家で育てる果樹＆ベリー100」主婦の友社
「人気のベリーを楽しもう」主婦の友社
「育てて味わう！ まるごとベリー」NHK出版
「コンテナで楽しむブルーベリー」小学館